LA NAVE DE LOS LOCOS

EL ORIGEN DE LAS ESPECIES A LA LUZ DE LA NUEVA RETÓRICA

Emilio Cervantes y Guillermo Pérez Galicia

LA NAVE DE LOS LOCOS
EL ORIGEN DE LAS ESPECIES A LA LUZ DE LA NUEVA RETÓRICA

EMILIO CERVANTES Y GUILLERMO PÉREZ GALICIA

ISBN-13: 978-1981532117
ISBN-10: 1981532110

Fecha de publicación: Diciembre 7, 2017

Biología

Diseño de portada e interior: Mario A. Lopez

Impreso y encuadernado en Estados Unidos de América.

OIACDI

Organización Internacional para el avance científico del Diseño Intelige

Tú no pretendes ocultarme la verdad, como solía hacer Pitágoras con los extraños, ni hablas de manera oscura deliberadamente como Heráclito, sino que -hablando francamente, entre nosotros- ni tú mismo te entiendes.

Marco Tulio Cicerón. *Sobre la Naturaleza de los dioses.*

Jamás existió un barco semejante. Desde las marismas donde está atracado en paralelo al río, el casco se alza como un risco negro de hierro por encima de la gente que avanza. Forma una escarpa que bloquea la visión que la gente pueda tener del Támesis desde lo que parecen kilómetros. Los mástiles todavía no se han construido, lo que confiere a la nave una apariencia más larga a todos aquellos que durante ese día húmedo y gris acuden a contemplarla. Cuando se bote, el barco triplicará la eslora de cualquier otra cosa que flote. Sin embargo, se ha hablado mucho de que semejante locura náutica jamás flotará, que se hundirá en su primera travesía por el Atlántico cuando estalle el mal tiempo o quizás, y esta idea resulta más emocionante para la multitud que se dirige hacia los astilleros, el monstruo se partirá en dos el mismo día de su botadura.

John Griesemer. *El Gran Amor de Chester Ludlow*

Ciertamente, en sus últimos años Alberto había podido asistir a una auténtica erupción de la energía, del talento y del coraje de su pueblo; a un renacimiento —por segunda vez en el siglo— de la ciencia, de la industria y del arte. Cuando en el último cuarto de siglo Oscar Wilde acuñó el concepto de "Renacimiento inglés", como tema central de sus conferencias en Gran Bretaña y Estados Unidos se estaba sin duda refiriendo a las grandes señales que había en la década de su nacimiento. En el año 1858...

Juan Benet. Londres Victoriano. (La cita sigue más adelante en epígrafes de secciones posteriores).

Pero lo mismo que Valentín entendía el uso de la razón, palpaba sus limitaciones. Sólo el ignorante en motorismo puede hablar de motores sin petróleo; sólo el ignorante en cosas de la razón puede creer que se razone sin sólidos e indisputables primeros principios.

Gilbert Keith Chesterton. *El Candor del Padre Brown.*

Contenido

En el año 1858 se procedió a la botadura del Great Eastern, un monstruo de hierro de 20.000 toneladas de desplazamiento, sólo superado en el siglo XX, que podía transportar 4.000 pasajeros alojados en cinco cubiertas y depositarlos al otro lado del Atlántico en cuatro días de navegación, aunque nunca llegó a hacerlo; Wallace y Darwin impartían sus primeras lecciones sobre la selección natural que apenas despertaron unas pocas controversias entre los especialistas; Maxwell enunciaba las leyes del campo electromagnético. Thompson, posteriormente lord Kelvin, definía los límites térmicos del universo... (sigue más adelante)...

Juan Benet. *Londres Victoriano.*

Presentación

En nuestro libro titulado *¿Está usted de broma Mr Darwin? La retórica en el corazón del darwinismo* (Cervantes y Pérez Galicia, 2015) analizábamos el capítulo cuarto de la obra titulada *Sobre el Origen de las Especies por Medio de la Selección Natural o la Supervivencia de las Razas Favorecidas en la Lucha por la Vida* (*"On the Origin of Species by means of Natural Selection or the Preservation of Favoured Races in the Struggle for Life"*), titulado *La Selección Natural o la Supervivencia de los más Aptos.*

Buscábamos entonces las claves para entender la aportación de Darwin, es decir en qué consiste su teoría para explicar el origen de las especies, ese misterio entre los misterios, y cómo, de qué manera, según indica el título de su obra, podría tener lugar *por medio de la* selección natural. La expresión *Selección Natural* constituye el núcleo del ideario darwiniano, e iba a ser inicialmente en inglés, *Natural Selection,* el título de su libro. El título final, bastante más largo, mantiene tan controvertida combinación de palabras en lugar privilegiado indicando que el origen de las especies puede ser explicado mediante la selección natural (*by means of,* dice el título sin ambages). Además iguala, mediante conjunción disyuntiva, en una expresión altamente arriesgada y de consecuencias históricas todavía por evaluar *El Origen de las Especies* con la *Supervivencia de las Razas Favorecidas en la Lucha por la Vida,* lo cual es una aberración que sólo quien ha renunciado a la más elemental observación de la Naturaleza es capaz de realizar. Pero renunciar a la observación es grave y está asociado con renunciar al conocimiento, pues conocimiento y observación están imbricados. Entonces: ¿sería cierto que algo con tan curioso nombre de *Natural Selection, Selección Natural* podría explicar *El Origen de las Especies* o por el contrario se trataba precisamente de destruir, aniquilar la posibilidad de todo estudio real y con ella el misterio que hay en el origen de las especies?

Quisimos comprobar la aportación original de Darwin al estudio de la evolución, es decir, el significado y alcance de la selección natural, pero al leer el capítulo cuarto, fundamental en la mencionada obra y corazón del darwinismo, en busca del significado de dicha expresión, descubríamos, párrafo a párrafo y línea a línea, que la expresión no tiene significado alguno. Se trata de un *flatus vocis*, un significante vacío de significado y contradictorio: un oxímoron.

A falta de explicación científica, un maremágnum, una acumulación de errores se presentaba ante nuestros ojos. En lugar de la esperada descripción metódica de una teoría, en vez de la prometida explicación sobre el origen de las especies, ya en las primeras páginas del capítulo encontrábamos con asombro una concatenación inaudita de figuras retóricas. Tal era el resultado de un error fundamental: Darwin había confundido "selección" con "mejora" acuñando a partir de esta confusión una expresión sin significado alguno (*Selección Natural*). Ante la negativa a parar el error en sus primeros pasos, so pena de ver desaparecer su obra, la estrategia había consistido en acumular nuevos errores unos sobre otros en un cuadro barroco sin precedentes en el que, a las cuatro figuras retóricas fundacionales que son la parte visible de sendos errores (metonimia, oxímoron, pleonasmo y prosopopeya) venían a sumarse otras figuras retóricas (interrogación retórica, aposiopesis, aliteración, detallamiento, congeries, epítetos, *obsecratio* y *concesio*, etc.).

El error fundacional, la confusión de selección con mejora, consistía como describíamos entonces, en tomar la parte por el todo (una metonimia). Al describir el trabajo de los ganaderos y los granjeros, de los criadores de palomas, Darwin no se había dado cuenta de que la tarea de obtener nuevas razas no se llama selección, sino mejora genética, o en inglés, *breeding*. Mediante la selección no se obtiene resultado alguno que no sea el producto de la propia selección, es decir, unos individuos separados del conjunto inicial. En cambio, para obtener una raza nueva o una variedad mejorada en alguna característica precisa, el granjero debe llevar a cabo el proceso completo de mejora genética (*breeding*). Dicho proceso consta de una serie repetida de etapas que parten de la selección pero van más allá ya que es necesario asimismo, realizar cruzamientos entre los individuos seleccionados en cada una de estas etapas, y, lo que es más importante, que los cruzamientos den los resultados deseados, es decir, que los caracteres que deseamos obtener mejorados en la descendencia, tengan un valor suficientemente alto de heredabilidad. El trabajo del mejorador, ganadero o agricultor, no se limita a la selección y su resultado no está, por tanto, en sus manos. Hay mucho más. Su tarea será infructuosa en ausencia de los cruzamientos adecuados y también si, aún haciendo los cruzamientos adecuados, la heredabilidad en los caracteres seleccionados no es suficiente.

Muchos intentos de mejorar las variedades han llevado y llevarán al fracaso más estrepitoso porque en las especies animales y vegetales hay una tendencia a la estabilidad, a conservar sus características a lo largo de generaciones como lo reconocieron los naturalistas de todas las épocas, desde Aristóteles hasta Pierre Flourens, contemporáneo de Darwin y uno de sus más severos críticos, pasando por Linneo; y como lo confirma la labor de todos los granjeros y mejoradores de especies animales y vegetales. Ningún granjero ha conseguido hasta el momento criar quimeras ni unicornios, gallinas que

3

pongan una docena de huevos al día, ni rábanos con hoja de lechuga, y lo que es más importante para quien, como nosotros, se interesa por el análisis de la obra de Darwin y su relación con la realidad de la naturaleza, ningún granjero ha conseguido hasta el momento obtener una especie nueva. Entre otros motivos porque existen normas en la naturaleza que prohíben determinadas combinaciones genéticas e imponen límites a las actividades metabólicas. La naturaleza, objeto del estudio de la Historia Natural, tiene sus reglas, exigencias y límites. La tarea del naturalista consistía tradicionalmente en describirlos respetuosamente más que en intentar saltárselos a la torera.

La definición de especie, concepto fundamental en la Historia Natural, se basa tanto en las características compartidas por un conjunto de individuos como en sus posibilidades de reproducción. Los límites de la variación se encuentran codificados en el genoma, junto con las instrucciones para el reconocimiento de cromosomas homólogos, fundamental en la reproducción. Determinadas estructuras de los cromosomas regulan los cruzamientos y prohíben la reproducción con individuos de otras especies, y otras determinan la heredabilidad de sus caracteres. En una especie la variación es importante. Sin variación no puede haber selección ni por tanto mejora genética alguna en la granja, ni tampoco evolución en la naturaleza. Pero también es importante la heredabilidad, puesto que, en su ausencia, la selección de un carácter como objeto de la mejora genética no sirve para nada. La heredabilidad es independiente de toda selección y se relaciona con la reproducción. Así como un agricultor o un ganadero puede seleccionar los individuos que desee a partir de un grupo, no tiene ninguna posibilidad de decidir las características de su descendencia si el cruzamiento no es posible o los caracteres seleccionados no son heredables.

4

Tanto la variación como la heredabilidad están determinadas genéticamente y sus límites definen los de la especie, entidad fundamental en la Historia Natural, constituida por el conjunto de individuos que comparten un acervo genético común y compatible de modo que son susceptibles de reproducirse entre sí. En el proceso de Mejora Genética, la selección no es suficiente ni mucho menos. Tanto el término "selección", aplicado a la naturaleza, como la expresión "Selección Natural", son denominaciones impropias, al menos por los siguientes motivos:

☐ Primero, el proceso que Darwin veía a lo largo de sus observaciones en la granja, no se llama "selección" sino "mejora genética" (*breeding*). Su reflejo en la naturaleza no sería la *Selección Natural* (expresión que revelaría sólo una parte) sino, hablando con propiedad, la *Mejora Natural*: expresión ridícula, *flatus vocis*, oxímoron ejemplar que nadie osaría acuñar so pena de verse señalado como generador de confusión. Recordemos que la palabra "oxímoron" indica a la figura retórica que consiste en una expresión contradictoria: *oxy* en griego es agudo y *môron* adjetivo neutro relacionado con el substantivo *moría*, locura, necedad (Chantraine, 1974). La naturaleza no efectúa mejora alguna, puesto que el término "mejora" se refiere precisamente al efecto que el ser humano consigue actuando sobre la naturaleza. Es locura pensar que la naturaleza cumple la función de mejorar sus organismos.

☐ Segundo, la naturaleza no selecciona. *Selección Natural*, es al igual que lo era *Mejora Natural*, *flatus vocis*, *contradictio in adyecto*, oxímoron. Sus términos constituyentes son incompatibles. Además, la mejora genética no produce especies nuevas.

☐ Tercero: Al fijar la atención en el proceso de selección que ciertamente es importante en la granja pero no existe en la naturaleza, Darwin está olvidándose de aquellos dos factores que en la naturaleza son más importantes: La posibilidad real del cruzamiento fértil entre dos individuos y la heredabilidad de sus caracteres.

Nuestro análisis del capítulo cuarto reveló un error inicial mal disimulado con otros tres adicionales, en un conjunto nuclear de cuatro errores ocultados mediante cientos de artificios verbales clasificados en multitud de figuras retóricas. Quien contemple el panorama del apéndice segundo del libro *¿Está usted de broma Mr Darwin?* verá bien que no exageramos. El corazón del darwinismo es un trabalenguas sobre cuya base vienen a repetirse periódicamente los martinetes (lucha por la vida, supervivencia del más apto, selección natural...) en un intento vano de dar sentido a un embrollo de juegos de palabras. Todo el conjunto está edulcorado a saturación con abundantes ejemplos de la Historia Natural, tomados (a menudo sin el debido crédito) del trabajo paciente de muy diversos autores. La *Selección Natural,* lo mismo que la lucha por la supervivencia, la lucha por la vida o la supervivencia del más apto son estribillos que, desde Darwin, intentan aportar un nuevo sentido a la Historia Natural. La *Selección Natural* es protagonista de un relato destinado a extender la creencia de que las cosas van a mejor y que el ser humano es el continuador de una tarea milenaria de progreso, efectuada por una fuerza endógena que no necesita explicación alguna, otra que la fe. En las páginas que siguen proponemos que dicho relato no es científico sino ideológico, expresión de autoridad y por lo tanto, los estribillos, lugares comunes o topos (*tópoi*) que lo soportan, deben rechazarse del lenguaje científico.

Ya en el capítulo tercero de *El Origen de las Especies*, titulado ni más ni menos que *La lucha por la existencia*, todo queda convertido en lucha, en competición, de modo que para nuestra sorpresa, en lugar de la explicación científica buscada, nos encontramos con un nuevo lenguaje. Otra sorpresa adicional es que esto no lo habíamos descubierto nosotros, ni tampoco ningún naturalista o biólogo. Que Darwin era un logoteta, el creador de un lenguaje nuevo, ya lo había dicho Eugenio D'Ors, denunciando ya en 1949 un historicismo puesto al servicio de la *escuela del prejuicio evolucionista...* que *tiende a sumir la civilización en la vida y ésta en la materia...* (sic.).

Nuestra tarea continúa ahora a partir de aquella serie de descubrimientos inesperados. ¿Será acaso anecdótico que el capítulo cuarto esté lleno de errores mientras que los demás capítulos, limpios de polvo y paja, contienen la teoría que explica el origen de las especies? O por el contrario, ¿será todo el libro un conjunto de disparates y el reflejo de una gran confusión? Pronto abordaremos tan importantes cuestiones.

Nuestro objetivo aquí es distinguir el avance en el conocimiento de la profusión verbal indiscriminada, o lo que es peor, la ocultación de la evidencia y la manipulación. No hemos encontrado la teoría que buscábamos en *El Origen de las Especies*, pero a cambio hemos encontrado otras cosas que también son muy interesantes. Por ejemplo que sus primeros capítulos son una esmerada preparación (punto de partida) para una gran argumentación que necesita una serie de bases tan elaboradas como erróneas.

Hemos basado la organización de esta obra en el *Tratado de la Argumentación* de Perelman y Olbrechts-Tyteca, cuyas tres partes principales son: *Los límites de la argumentación, El punto de partida de la argumentación* y *Las técnicas argumentativas*. La primera parte, *Los límites de la argumentación*, se refiere principalmente al auditorio, aspecto muy complicado y especialmente importante en la obra que nos ocupa, que hemos excluido del presente análisis para concentrarnos en sus aspectos internos, *El punto de partida de la argumentación* y *Las técnicas argumentativas*.

Los primeros capítulos (del primero al quinto) de OSMNS[1] contienen precisamente *El punto de partida de la argumentación*. Sus textos coinciden con gran precisión con muchos aspectos importantes estudiados en la segunda parte del *Tratado de la Argumentación* de Perelman y Olbrechts-Tyteca, demostrando que la obra, a pesar de estar basada en una serie de errores, contiene una esmerada fundamentación para el

---

[1] Al igual que en nuestro libro titulado *¿Está usted de broma Mr Darwin? La retórica en el corazón del Darwinismo* utilizamos aquí la abreviatura OSMNS para referirnos al libro *El Origen de las Especies por Medio de la Selección Natural o la Supervivencia de las Razas Favorecidas en la Lucha por la Vida*, comúnmente atribuido a Charles Darwin. Los fragmentos de OSMNS que aparecen en el texto en español han sido tomados de la traducción de Antonio de Zulueta en la Biblioteca Virtual Miguel de Cervantes *(http://www.cervantesvirtual.com)*. Los fragmentos en inglés proceden de la sexta edición publicada en Proyecto Gutenberg:
(https://www.gutenberg.org/files/2009/2009-h/2009-h.htm)

desarrollo posterior de una argumentación ejemplar que podríamos calificar de profesional.

El capítulo primero de OSMNS se dedica a la variación en estado doméstico. Tomar la granja como modelo para la naturaleza es un grave error de método, pero necesario para poder acuñar la expresión "selección natural". En una granja se selecciona; en la naturaleza, no. Destacar la selección en el proceso de mejora genética resulta en que se ignora la heredabilidad, propiedad necesaria para la transmisión de los caracteres y asociada con la reproducción. Se ha tratado poco hasta el momento de los inconvenientes de proponer a la granja como modelo para la comprensión de la naturaleza. Sus consecuencias pueden tener gran extensión y lamentables resultados todavía imprevistos. Nuestro primer capítulo en la primera sección de las páginas que siguen se titula *Los modelos: La granja no es modelo para la* naturaleza y se concentra en el análisis del capítulo 1 de OSMNS.

El capítulo segundo de OSMNS, algo más breve que el anterior, se dedica a la variación en la naturaleza. En él pretende el autor hacer ver, contra la idea de Linneo y en oposición a toda la Historia Natural, que no hay diferencias entre especies y variedades. Dicho de otro modo, su fin es impedir ver el orden natural, objeto secular de la Historia Natural e inspirador perpetuo de la Filosofía (Gilson, 2007). Su contenido es ejemplo de ese aspecto tan importante en la retórica que consiste en la selección de los datos y su presencia. Lo estudiamos en nuestro capítulo segundo titulado *La selección de los datos y su presencia: En la naturaleza hay un orden.*

El capítulo tercero de OSMNS lleva por título *La lucha por la existencia*, expresión que condensa en una píldora toda la ideología del volumen, es decir su contenido. En él encontraremos el núcleo de los lugares o tópicos (*tópoi*), expresiones y puntos de vista sintéticos fundamentales del lenguaje darwinano o darvinés. A él dedicamos el tercer capítulo de nuestra primera parte titulado *Los lugares o tópicos (tópoi) y la exaltación de la lucha*.

El capítulo cuarto de OSMNS es el corazón de la obra que bombea confusión en todas las direcciones. Recordaremos brevemente nuestro análisis anterior (Cervantes y Pérez Galicia, 20015) y le dedicamos un breve capítulo en las páginas que siguen, el cuarto de la primera parte titulado *Figuras de retórica y argumentación: una serie encadenada de errores*.

El quinto capítulo de OSMNS dedicado a las leyes de la variación, cuyos contenidos corresponden al capítulo segundo titulado *La variación en la naturaleza*, queda misteriosamente colocado en la obra de Darwin. Se analizará en el capítulo quinto de nuestra primera parte titulado *Los modelos: segunda parte. Modelos personales del Imperio*, para volver sobre la utilización de modelos. Veremos el maltrato a Lamarck y a otros autores cuyas ideas son plagiadas para mayor gloria de Charles Darwin, nuevo modelo y autor del Imperio. Pero a lo largo de nuestra lectura de OSMNS hemos encontrado otros modelos y anti-modelos ideológicos que consideramos también en nuestro quinto capítulo.

A partir del sexto capítulo titulado *Dificultades a la Teoría* y hasta el capítulo once titulado *De la sucesión geológica de los seres orgánicos*, se exponen en OSMNS una serie de dificultades e inconvenientes a una supuesta teoría que, hasta el momento, no hemos visto por ningún lado. Cargar de dificultades una supuesta teoría, es un recurso muy práctico para darle rigor, validez y atribuirle un valor y una existencia que no tiene. Como ya hemos dicho, tratándose de jugar con las palabras, las opciones son múltiples y el peso en gramos de una obra, apoyado con otras razones de autoridad, influye en su aceptación histórica. Afortunadamente, la retórica dispone de técnicas para analizar meticulosamente estas estrategias que permiten hacer aparecer ante el público a una obra carente de contenido científico como paradigma de grandes ideas; a la expresión de la autoridad, como ejemplo de ciencia.

Cierran la obra aquí criticada dos capítulos dedicados a la *Distribución Geográfica* (el XII y el XIII), uno de contenido sumamente denso titulado *Afinidades mutuas de los seres orgánicos, morfología, embriología y órganos rudimentarios* (XIV) y finalmente un capítulo, el XV dedicado a *Recapitulación y Conclusión.*

En las páginas que siguen, se mantiene una correspondencia unívoca con los capítulos de OSMNS hasta el capítulo quinto. Nuestro capítulo sexto se dedica a un aspecto de importancia inesperada en el punto de partida de la argumentación que, según Perelman y Olbrechts-Tyteca, es *El endurecimiento de las nociones.* Estudiamos en él los juegos malabares que se hacen en OSMNS para desacreditar el concepto de *Creación,* borrando así toda idea de diseño. No es que el autor prohíba el uso del término *"Creación",* que él mismo utiliza abundantemente y, según su estilo, con gran ambigüedad, sino que prohíbe que otros autores lo puedan usar, aunque sea reconociendo explícitamente que es un concepto confuso. Dicho de otro modo, prohíbe su aclaración. La conclusión sería: confórmense con el concepto de *Selección Natural,* porque a partir de ahora el de *Creación* queda prohibido y reservado para uso de la autoridad competente. En relación con el manifiesto abuso del lenguaje por parte de la autoridad terminamos la primera sección titulada *El punto de partida de la argumentación* con un capítulo dedicado a los valores. Entonces ya habrá quedado claro de qué trata *El Origen de las Especies*: de la imposición de un nuevo lenguaje.

La segunda sección contiene seis capítulos dedicados a las técnicas argumentativas.

Una vez establecido el punto de partida de la argumentación en los cinco primeros capítulos de OSMNS, queda constituido el espacio para establecer en el resto de la obra, que consta de, ni más ni menos, diez capítulos, un circo de tres pistas, gran espectáculo mundial de la retórica. Los capítulos sexto a décimo primero de OSMNS, ambos incluidos, es decir un total de seis capítulos, se dedican a examinar dificultades, objeciones e inconvenientes a una teoría que no hemos visto por ningún lado. El detallamiento, la profusión de detalles, garantiza y asegura la existencia de lo que no es: la *Selección Natural*. Siguen dos capítulos dedicados a la distribución geográfica, uno dedicado a una miscelánea de temas importantes que debieron tocarse al principio de la obra y, finalmente un capítulo de *Recapitulación y Confusión*, perdón, *Recapitulación y Conclusión*.

Entre la riqueza barroca de los argumentos encontrados en OSMNS hay ejemplos abundantes para desarrollar nuestros seis capítulos que constituyen la sección segunda dedicada a las técnicas argumentativas. Trataremos sucesivamente de La Clasificación, Los

Hechos, Las Premisas, Los Argumentos, Los Razonamientos y los Tipos de Discurso con particular interés en el Discurso Autoritario.

Quien todavía crea que *El Origen de las Especies* está escrito para ilustrar a sus lectores sobre la formación de especies deberá leerlo despacio y reflexionar. Muchos autores, entre ellos algunos muy poco sospechosos de anti-darwinismo, se han expresado claramente a este respecto. Así, por ejemplo: Ernest Mayr (*the book called The Origin of Species is not really on that subject;* El libro titulado *El Origen de las Especies* no trata realmente de ese sujeto), George Gaylord Simpson (*Darwin failed to solve the problem indicated by the title of his work;* Darwin fracasó en resolver el problema indicado en el título de su trabajo), o Niles Eldredge ("*Darwin never really did discuss the origin of species in his On the Origin of Species;* Darwin nunca discutió el origen de las especies en *El Origen de las Especies*). Nuestra intención es ayudar al lector en dicha reflexión.

Para ver qué es entonces lo que se pretende en *El Origen de las Especies*, que no es explicación alguna de cómo se producen las especies, hemos leído dos libros a la vez. En la mano izquierda, el libro de Darwin, OSMNS; en la derecha, el *Tratado de la Argumentación* de Perelman y Olbrechts-Tyteca, un moderno tratado de retórica que demuestra la utilidad de esta disciplina para el análisis científico. Hemos ajustado los capítulos de OSMNS con los del *Tratado de la Argumentación*, eligiendo de éste aquellos aspectos que nos han parecido más convenientes y superponiéndolos con los capítulos de OSMNS como quien enfrenta los dedos de una mano con los de la otra. Aunque sabemos que el análisis retórico de OSMNS no ha concluido, esperamos haber abierto el camino para un interpretación justa de esta obra.

Al dividir esta obra en dos partes dedicadas respectivamente a: *El punto de partida de la argumentación* y *Las técnicas argumentativas* en el *Origen de las Especies* no hemos seguido al pie de la letra los capítulos presentados por Perelman y Olbrechts-Tyteca, sino que nos ha parecido conveniente introducir algunos cambios en su ordenamiento. Así, por ejemplo, los conceptos de *modelo* y *anti-modelo* que, para estos autores se incluyen ya bien avanzada la sección tercera, ocuparán aquí una sección principal de la parte correspondiente al punto de partida de la argumentación. Por el contrario, hemos colocado los hechos, que para aquellos autores se encuentran en el punto de partida de la argumentación, ya en la segunda parte, con las técnicas argumentativas. La manera en que Darwin emplea los hechos está íntimamente asociada con su argumentación.

Las páginas siguientes contienen algunas de nuestras conclusiones fruto de esta doble lectura. Están ustedes invitados.

...(En el año 1858)... En aquellos años Dickens publica Tiempos difíciles, Pequeña Dorrit, La historia de dos ciudades *y* Grandes esperanzas; *George Eliot, las* Escenas de la vida clerical, Silas Marner *y* Adam Bede; *Stevenson,* La isla del tesoro, *y De Quincey, la versión final de* Las confesiones de un opiómano inglés; *Fitzgerald, la traducción de* Rubbaiyat *de Ornar Khayyam, y Morris,* La defensa de Guinevere *al tiempo que funda su compañía de textiles. Millais pinta* Sir Isumbras, Vale of Rest *y* Autumn Leaves. *Whistler* At the Piano; *Scott construye la capilla del colegio de Exeter. Stevens el monumento a Wellington y Landseer los leones de la columna de Nelson, un aditamento que en lo sucesivo se considerará obligado para toda clase de parlamentos, puentes, bancos y museos. Speke descubre y explora el lago Nyanza y Livingstone el Nyassa; Stanley, en busca de este último, descubre las fuentes del Nilo. Pero sin duda el acontecimiento capital de entonces fue la publicación por Darwin de* El Origen de las Especies, *un libro que resumía treinta años de pacientes investigaciones biológicas y que estaba llamado a cambiar la concepción intelectual del mundo al desplazar las doctrinas mítico-religiosas y ocupar con una teoría científica el hueco dejado por ellas....*

Juan Benet. Londres Victoriano. (Sigue más adelante…).

SECCIÓN PRIMERA: EL PUNTO DE PARTIDA DE LA ARGUMENTACIÓN. LOS OBJETOS DE ACUERDO

Introducción a la sección primera

Esta sección contiene siete capítulos dedicados respectivamente a:

1) Los modelos (primera parte), 2) La selección de los datos y su presencia, 3) Los lugares o tópicos (*tópoi*), 4) Figuras de retórica y argumentación, 5) Los modelos (segunda parte) 6) El endurecimiento de las nociones y 7) Los valores y la jerarquía.

Los capítulos 1 a 5 analizan aspectos relacionados con sus capítulos correspondientes en OSMNS. Como indicábamos antes, resulta curiosa la manera en que la obra se plantea poniendo en su base una serie de capítulos que definen de manera tan ejemplar el punto de partida de su argumentación. Desde este punto de vista, OSMNS adquiere un valor imprevisto como paradigma, un auténtico manual práctico para estudiantes de retórica.

Hemos puesto en primer lugar los Modelos, que para Perelman y Olbrecht Tyteca se encuentran en una sección mucho más avanzada y ya dentro de las técnicas argumentativas. Esto puede llamar la atención del lector, pero nuestro análisis es científico y en Ciencia es habitual trabajar con modelos. Así, si pretendemos dictaminar cuándo algo es científico y cuándo no lo es, tenemos que aplicar un modelo general que comprenda lo que entendemos por *Método Científico*. Además de este modelo general que en Ciencia supone el Método Científico, cualquier aproximación metódica al estudio de la naturaleza incluye modelos particulares y de la elección de estos modelos particulares, en cada caso puede depender el éxito o el fracaso de una empresa.

19

Los modelos se discuten en dos partes: Nuestro primer capítulo analiza un aspecto notable del primer capítulo de OSMNS, en el que, como veremos pronto, se describe un modelo equivocado. El trato que hace esta obra de los modelos personales y un modelo ideológico que es, como veremos, una de sus finalidades principales, serán analizados posteriormente en el capítulo 5. Hasta entonces cada uno de nuestros capítulos se dedica a un capítulo correlativo de la obra.

El capítulo segundo sobre *La selección de los datos y su presencia* se refiere al capítulo segundo de OSMNS, en el que se pone de manifiesto la importancia de este proceso de selección para la elaboración del discurso. Si bien la selección de los datos es una parte fundamental en todo discurso, en algunos casos su análisis nos puede revelar el sesgo de su autor, su naturaleza sectaria y apuntar ya hacia la finalidad ideológica de su obra.

El capítulo tercero, acerca de Los lugares, se dedica principalmente al capítulo 3 de OSMNS. Titulado *La lucha por la supervivencia*, en él se expresan intensamente todos los tópicos, los clichés que constituyen el estribillo del darwinismo y se pone de manifiesto el tono autoritario que preside la obra.

En el capítulo cuarto titulado *Figuras de retórica y argumentación: Una serie encadenada de errores,* recordaremos algunos de los aspectos principales tratados en nuestro libro *¿Está usted de broma Mr. Darwin? La retórica en el corazón del darwinismo.* En él analizábamos la compleja estructura de figuras retóricas que el autor construye para ocultar un error: la confusión de selección con mejora. Ahora repasaremos los aspectos-clave de nuestro análisis con el objeto de destacar la importancia de este capítulo en el conjunto de la obra.

El capítulo quinto, titulado *Los modelos: segunda parte. Los modelos del Imperio*, se dedica de nuevo a los modelos. Por una parte nos referimos a los modelos personales notables en el capítulo correspondiente, el quinto de OSMNS titulado *Las leyes de la variación*, y que constituye un ejemplo de cómo no se debe tratar a un autor. La segunda parte de este capítulo se dedica a un modelo, o mejor dicho anti-modelo, ideológico. En ella se analizan algunos párrafos procedentes del *Historical Sketch* que ayudan a entender la configuración de la obra.

Los dos últimos capítulos de esta sección sirven de enlace con la sección siguiente. Enlazando con los modelos personales y con el anti-modelo ideológico vistos en la sección anterior, el capítulo sexto trata de *El endurecimiento de las nociones* y el séptimo sobre *Los valores y la jerarquía*.

El capítulo titulado *El endurecimiento de las nociones* muestra la obra de ingeniería semántica realizada por el autor para definir dos grupos: Los autores que creen en la transformación de las especies y los que no. Su lectura será necesaria para la comprensión del apartado siguiente, titulado *Los valores y la jerarquía*, en el que ponemos de manifiesto algunos de los valores darwinistas. Al describirlos hemos buscado la objetividad, evitando la mención de valores fuera de los estrictamente necesarios para una comunicación científica transparente. Respetamos la separación de Ciencia y Religión, tan relevante en el caso de Galileo, pero no compartimos la idea de que haya existido una disputa histórica entre Ciencia y Religión como se expresó en la obra de John William Draper titulada *La Historia del conflicto entre ciencia y Religión*, brillantemente contestada desde Salamanca por el P. Cámara en su obra *Contestación a la Historia del conflicto entre la religión y la ciencia, de Juan Guillermo Draper* (1888). El libro aquí analizado está en la base de este conflicto.

Finalmente, hemos dejado los hechos para una discusión posterior. La manera en que los hechos son tratados en El Origen de las Especies demuestra algo muy importante en el análisis retórico que consiste en que, al contrario de lo que se deduce en la estructura propuesta por Perelman y Olbrechts-Tyteca, los hechos no tienen por qué estar incluidos entre los objetos de acuerdo.

1. Los modelos: la granja no es modelo para la naturaleza

1.1. Introducción: Importancia y tipos de modelos en Ciencia

Nuestro análisis es científico, entre otras razones porque partimos de la idea, como premisa fundamental, de que la Ciencia se rige por un método. El Método Científico es importante y lo tomamos como modelo para nuestras investigaciones. A esta razón se debe el colocar la sección dedicada a los modelos en primer lugar.

El Método Científico, que en sí mismo es un modelo general, se pone en acción en cada caso, mediante una serie de modelos particulares. El concepto de *modelo* en la ciencia tiene un valor primordial y se puede aplicar en varios niveles: Primero, para distinguir aquello que es Ciencia de lo que no lo es; y, a continuación, también en particular, con distintos significados en los diferentes casos especiales.

La Ciencia busca dar explicaciones de los fenómenos naturales mediante teorías o leyes y por lo tanto las teorías y las leyes, que en sí son ya directamente modelos generales, se apoyan también en otros modelos particulares. Entre los especialistas en Historia de la Ciencia es frecuente describir algunos modelos como elementos básicos de una teoría introducidos para darle conexión y hacerla inteligible. Se cuenta así que Arquímedes de Siracusa descubrió su famoso principio sobre la dinámica de los sólidos en los fluidos a partir de sus observaciones efectuadas en una bañera; que Newton se inspiró en la caída de una manzana para estudiar la gravedad; y que Faraday imaginó una serie de cuerdas elásticas como modelo para su teoría de atracción electrostática. Tales modelos elaborados en base a la aproximación a un problema abstracto mediante elementos materiales son una constante en física, en química y en bioquímica (modelo del átomo, modelos de enlace químico, modelos moleculares de bolas y varillas, etc.). Por otra parte, el enunciado de una ley o una formulación matemática constituyen en sí mismos modelos en los cuales esperamos ver un reflejo permanente de múltiples aspectos de la realidad.

La Ciencia sigue un modelo de trabajo: el del Método Científico. La naturaleza es su objeto de estudio y constituye un sistema complejo, superior, que sería inaccesible al conocimiento de no ser por esta construcción artificial en base a modelos. Así, el modelo es un sub-sistema, un sistema menor dentro de aquel sistema mayor que lo engloba.

Las preguntas que, en el curso de su actividad, se plantea el científico, atañen a un sistema mayor (la naturaleza) y sólo son lícitas cuando incluyen elementos bien definidos y consensuados que, a menudo, se expresan por medio de magnitudes. Para su respuesta es necesario disponer, dentro del sistema, de sub-sistemas o modelos adecuados: La bañera de Arquímedes, la manzana de Newton, las cuerdas elásticas de Faraday, o los modelos moleculares en bioquímica estructural. En todos estos casos es importante que el modelo cumpla ciertas condiciones en relación con la pregunta que se efectúa; es decir: el sistema modelo ha de comprender los elementos principales que intervienen en ella, que han de ser objeto de estudio, tal y como ocurre efectivamente en los ejemplos anteriores. La bañera de Arquímedes contiene elementos suficientes para estudiar la dinámica de fluidos y bajo el manzano de Newton se dan las condiciones para la observación de la gravedad.

1.2. Un modelo equivocado

Tropezamos aquí con un primer inconveniente notable en *El Origen de las Especies*. Tiene lugar en su primer capítulo, que se titula *La Variación en Estado Doméstico*. Ocupa algo más de un 15 por ciento de la obra, casi el doble que el capítulo siguiente dedicado a la variación en la naturaleza, y es en él en donde, a partir del trabajo desarrollado por ganaderos y agricultores, en especial por los mejoradores de palomas, el autor nos propone abordar el estudio de la transformación de las especies.

Pero el caso es que el problema a abordar, la cuestión del origen de las especies, transciende con mucho a las condiciones de vida en la granja. El sistema modelo no sirve; no cumple su condición de partida por no contener ni remotamente los elementos principales que intervienen en la cuestión. A diferencia del manzano de Newton o la bañera de Arquímedes, que valen respectivamente para estudiar la gravedad o la respuesta de los fluidos a los sólidos sumergidos, la granja de Darwin no vale para estudiar el origen de las especies. Ninguna especie se ha producido jamás en la granja y ante esa evidencia es lícito suponer que las condiciones para que se produzca una nueva especie no se encuentran en las granjas y, dicho sea de paso, tampoco en los laboratorios. El modelo no sirve. La aproximación al problema es, por tanto, errónea.

Como veíamos en nuestro libro *¿Está usted de broma Mr. Darwin?*, los errores no reconocidos suelen venir acompañados, encadenados, en serie. A los errores les pasa lo mismo que a las células, no se producen por generación espontánea, sino a partir de otros errores: *Omnis cellula ex cellula; Omnis error ex errore*. Todo error procede de otro y, de no ser corregido, dará lugar a otro. Eso es seguro. Aquel que llamábamos entonces "error fundamental" o "error fundacional" que consistía en confundir *selección* con *mejora*, la metonimia que había comenzado una larga cadena de figuras retóricas, descubrimos ahora que debe su existencia a la elección de un modelo equivocado: No se puede estudiar el origen de las especies en una granja.

Pero una vez decidido irremisiblemente a estudiar el origen de las especies en un lugar inapropiado, en donde nunca se ha originado especie alguna, es necesario que el autor distraiga la atención de sus lectores por los múltiples medios que veremos en las páginas que siguen. Inmediatamente las variedades serán confundidas con las especies dando lugar a nuevas dificultades y acto seguido será necesario introducir una serie de giros y expresiones que den al conjunto un aspecto de orden. Iremos viendo todo el proceso en sus detalles en los capítulos que siguen. Por ahora destacamos que el primer error es espectacular y constituye un atentado contra el Método Científico: La elección de un modelo equivocado.

A partir de aquí, una nueva serie de errores es necesaria para mantener en pie a un modelo equivocado. Algunos se relacionan con la incapacidad del autor para distinguir: 1) entre variedades y especies, 2) entre los distintos tipos de variación: continua y discontinua; así como su propia incapacidad para entender que los tipos de variación al uso no tienen nada que ver con la formación de especies. Tiene razón la severa afirmación de Sedgwick en carta dirigida a Darwin:

> *You have deserted—after a start in that tram-road of all solid physical truth—the true method of induction—& started up a machinery as wild I think as Bishop Wilkins locomotive that was to sail with us to the Moon.*

Ha abandonado usted-después de un comienzo en la ruta de toda la sólida verdad física-el verdadero método de inducción y ha puesto en marcha una maquinaria creo que tan salvaje como la locomotora del Obispo Wilkins que nos iba a llevar a la Luna.

Más adelante comentaremos otro fragmento de esta carta y volveremos sobre esta cuestión del Método Científico. También veremos otros modelos particulares empleados en El Origen de las Especies. Pero sigamos con un aspecto importante en relación con el punto de partida de la argumentación: la selección de los datos.

2. La selección de los datos y su presencia: En la naturaleza hay un orden

El Origen de las Especies es obra revolucionaria y de eso no cabe duda. Ya hemos visto en la sección anterior una razón que justifica el adjetivo: la obra comienza con un capítulo dedicado a la variación en el estado doméstico. Propone la granja como modelo para el estudio de la evolución, lo cual es imposible: No hay transformación de las especies en el estado doméstico. No obstante, el autor está impulsado por una fuerza superior que le impide ver sus errores y lo conduce a transformar las mayores dificultades en estímulo, fuerza motriz. La superación de lo imposible es una constante a lo largo de toda la obra, pero esto lo veremos mejor en la sección segunda. Por ahora concentrémonos en un aspecto que el autor debe resolver pronto en su tarea: la selección de los datos, un proceso notable a lo largo del libro que se pone particularmente de relieve en su segundo capítulo titulado *La variación en la naturaleza*.

En veintiocho párrafos se trata la variación en la naturaleza. Dato curioso si se tiene en cuenta que la variación en estado doméstico ha ocupado cuarenta y siete. Como si las operaciones de los ganaderos y agricultores, que se conocen con el nombre de mejora genética (en inglés, *breeding*) y que el autor confunde sistemáticamente con selección (en inglés, *selection*), tuviesen algo que aportar para entender el proceso de transformación de las especies y fuesen más importantes que el propio estudio de la vida en la naturaleza. Algo falla.

Y es que otra característica de esta obra revolucionaria es que a su autor le preocupa muy poco el origen de las especies, tema de elevada complejidad, misterio entre misterios, para cuyo abordaje se requiere una gran formación académica de la cual, sin duda, Mr. Darwin carece. Hasta el final del capítulo primero ha venido escribiendo sobre granjas con la libertad del granjero aficionado, cual *fellow countryman*, que no tiene por qué darle importancia a estilo académico ni cuidar protocolo alguno y utiliza las palabras según le vienen, pero ahora, al afrontar el capítulo segundo, la situación cambia.

Ahora ya no va a tratar el autor de la cría de gallinas, de palomas o de caballos, temas principales del capítulo anterior, con los que el autor está tan familiarizado y que tan frecuentes son en las conversaciones con los ganaderos y agricultores en sus largos paseos por la campiña. Por el contrario, el título de su segundo capítulo es *La variación en la Naturaleza*. Seguramente habrá oído hablar de Linneo, aunque al parecer, no concede mucho crédito a este autor, pues no lo mencionará hasta el final de su obra, someramente en el capítulo XIV. En cambio, fíjense cómo empieza el segundo capítulo:

> *Before applying the principles arrived at in the last chapter to organic beings in a state of nature…*
>
> Antes de aplicar a los seres orgánicos en estado natural los principios a que hemos llegado en el capítulo pasado…

Curiosa manera, porque ni en el primer capítulo habíamos llegado a ningún principio, ni sería posible aplicar a la naturaleza aquellos hipotéticos principios de la granja, ni tampoco aplicaremos aquí otro principio que no sea el de la más esmerada selección de los datos. Con este uso de la palabra "principio", el autor revela que su obra carece de principio alguno. Así, y como demostración de esta deducción, por ningún lado aparecerá aquí la obra de Linneo, Jussieu, Cuvier, Owen o ningún otro autor que se haya preocupado alguna vez por la taxonomía. Por ningún lado veremos las necesarias descripciones y apenas siquiera las menciones de las categorías taxonómicas. Ya saben: especie, género, familia, orden, clase, *Phylum*. En definitiva, toda esta cuestión del orden en la naturaleza, que constituye el núcleo de la Historia Natural y que tanto había preocupado a los filósofos durante los siglos como también a los naturalistas contemporáneos de esta obra. ¿Qué otro principio se podría aplicar al estudio de la variación en la naturaleza que no fuese el debido crédito a sus antecesores o la más esmerada definición de conceptos fundamentales?

A cambio vemos que el orden en la naturaleza, objeto de estudio desde Platón, verdadero motor de la filosofía medieval y tan vivamente expuesto y discutido en la Inglaterra del siglo XIX, orden que había servido tradicionalmente como imagen para ver la obra de un Creador, es aquí perfectamente ignorado. He aquí la primera prueba de lo que veremos más adelante expresado como finalidad principal de OSMNS: La imposición de un nuevo orden. Cuando al principio de un capítulo titulado *La variación en la naturaleza* esperábamos ver algo escrito sobre el orden que hay en la naturaleza, con sorpresa encontramos todavía unos párrafos dedicados a la granja, como si al autor le costase salir de su entorno favorito; siguen otros dedicados a las diferencias individuales con alguna falacia:

> *No one supposes that all the individuals of the same species are cast in the same actual mould.*

> Nadie supone que todos los individuos de la misma especie estén fundidos absolutamente en el mismo molde.

Completan el capítulo algunas que otras intervenciones súbitas de la selección natural y, sobre todo, multitud de ejemplos de especies dudosas (en trece párrafos), variedades que parecen especies etc...

El autor, que había elegido un modelo equivocado en el primer capítulo, pretende ahora mediante esta esmerada selección de los datos una sencilla operación en dos pasos: 1) Restar importancia al concepto de *especie*. 2) Pasar por alto el estudio del orden que hay en la Naturaleza, ignorándolo y por tanto, despreciándolo.

Si el incauto lector admite que la especie es lo mismo que la variedad, entonces tendrá que admitir también que la granja es un buen modelo para la producción de especies y la obra estará salvada. Para tal fin, es decir, engañar al lector, el autor de esta obra revolucionaria emplea dos estrategias, ambas fracasadas desde el momento de su presentación:

☐ La primera, desarrollada ya con profusión a lo largo del capítulo primero (*La variación en estado doméstico*), y consecuencia del error de haber tomado a la granja por modelo, consiste en hacer ver que las diferencias entre variedades son del mismo tipo que las diferencias entre especies. Pero ya en el capítulo primero, después de muchos párrafos, el autor debía reconocer el fracaso de su argumento, indicando que todas las variedades de paloma pertenecen a la misma especie. Es decir que, por mucho éxito que tengan los mejoradores de palomas, nunca consiguen especies nuevas.

☐ La segunda, una estrategia propia del capítulo 2 en el que el autor manifiesta su empeño por demostrar lo indemostrable, que en la naturaleza hay una variación continua. A tal efecto, se extiende ampliamente en la descripción de casos dudosos que pueden ser considerados como especies o variedades, en un desordenado recuento y comentando unas tablas que dice poseer, pero cuyo contenido no vemos por ningún lado.

Bien pueden dedicarse párrafos sin fin a la descripción de casos dudosos. Siempre podrían dedicarse otros tantos o todavía más a la descripción meticulosa de casos en los que, sin lugar a dudas, una especie está bien definida, por la labor eficaz de la taxonomía, fundamento secular de la Historia Natural. La tarea de los botánicos y de los zoólogos a través de los siglos sirve precisamente para reducir las dificultades que el autor describe ahora como un hallazgo digno de mención. Su opuesta, la de obligarnos a ignorar el orden que existe en la naturaleza, asociada con la falta de mención de la obra de innumerables naturalistas, ha fracasado desde el mismo momento de su aparición.

Para tratar sobre El Origen de las Especies no se pueden dedicar cuarenta y siete párrafos a la variación en estado doméstico y veintiocho a la variación en la naturaleza. Sería necesario definir meticulosamente las categorías taxonómicas, como hizo Agassiz en su obra titulada *An Essay on Classification*, en cuya introducción escrita por Edward Lurie podemos leer:

En 1859 con el apoyo de "amigos en cuya opinión tengo la mayor confianza", Agassiz publicó una edición independiente del Essay en Londres. El volumen apareció unos meses antes de la publicación de "El Origen de las Especies" de Charles Darwin. Los naturalistas que habían animado a Agassiz a sacar su libro a la luz pública en Inglaterra- Sir Richard Owen,

William Auckland, y Adam Sedgwick- encontraban intolerables las ideas de Darwin. El Essay y el Origen representaban dos interpretaciones de la naturaleza enteramente opuestas…

Enteramente opuestas no es expresión exagerada. Al contrario, justa. Una de estas obras es ambigua, la de Darwin; la otra, sumamente precisa, la de Agassiz. Para tratar del Origen de las Especies es necesario tratar de Taxonomía. Se necesita un gran esfuerzo de síntesis para condensar todos los conocimientos y resultados, y no resulta equilibrado dedicar, de los veintiocho párrafos de variación en la naturaleza, unos cuantos a divagaciones varias y trece a especies dudosas. En conclusión, es evidente que el contenido de la obra se encuentra sesgado.

Además, también en el capítulo 2, hemos leído que la palabra "especie" es una mera abstracción inútil (*The term species thus comes to be a mere useless abstraction*), lo cual es falso. El concepto de *especie* es adecuado para referirse a un conjunto de individuos que comparten características importantes y, sobre todo, la posibilidad de reproducción entre los individuos de distinto sexo que las poseen.

El autor se pone en evidencia cuando dice que las formas dudosas son las que más le interesan:

> *The forms which possess in some considerable degree the character of species, but which are so closely similar to other forms, or are so closely linked to them by intermediate gradations, that naturalists do not like to rank them as distinct species, are in several respects the most important for us.*

> Las formas que poseen en grado algo considerable el carácter de especie, pero que son tan semejantes a otras formas, o que están tan estrechamente unidas a ellas por gradaciones intermedias, que los naturalistas no quieren clasificarlas como especies distintas, son, por varios conceptos, las más importantes para nosotros.

¿Por qué tanta importancia? Pues sencillamente para restar importancia al concepto de especie. A tal fin presenta una visión parcial, sesgada, más propia de una ideología que de un tratado científico. Una visión parcial es algo aceptable, cualquiera puede tener preferencia por ciertos aspectos de la realidad, pero el problema surge cuando uno está obligado a falsificar la realidad, a adaptarla a su gusto sin darse cuenta de que está cometiendo fraude, engañando a su público. Así ocurre cuando el autor indica que una variedad bien marcada es una especie incipiente:

> *A well-marked variety may therefore be called an incipient species; but whether this belief is justifiable must be judged by the weight of the various facts and considerations to be given throughout this work.*

> Una variedad bien caracterizada puede, por consiguiente, denominarse especie incipiente, y si esta suposición está o no justificada, debe ser juzgado por el peso de los diferentes hechos y consideraciones que se expondrán en toda esta obra.

¿Nos encontramos ante un tratado científico o ante la exposición de una ideología? Algunos párrafos en *La Estructura Ausente*, de Umberto Eco, nos dan la clave para descifrar las ideologías. Así:

> Un sistema semántico como visión del mundo, por lo tanto, es una de las maneras posibles de dar forma al mundo, y como tal, constituye una interpretación parcial de éste, que puede ser revisada teóricamente cada vez que nuevos mensajes, al reestructurar semánticamente el código, introduzcan nuevas cadenas connotativas y por ello, nuevas atribuciones de valor…

Una interpretación parcial de la realidad es lo que vamos encontrando en la lectura del capítulo segundo de OSMNS. Y si esto supone un problema, más adelante en la obra de Eco está la solución:

> Pero una revisión del código de este tipo implica una serie de mensajes con función meta-semiótica (de juicios meta-

semióticos) que someten a examen los códigos connotativos. Ésta es la función crítica de la ciencia. Por lo general, un destinatario recurre a su patrimonio de conocimientos, a su propia visión parcial del mundo, para elegir los sub-códigos que han de converger en el mensaje.

Y más precisamente:

> Definir esta visión parcial del mundo, esta segmentación prospectiva de la realidad, equivale a definir la ideología en el sentido marxista del término, es decir, como "falsa conciencia". Naturalmente, en la perspectiva marxista esta "falsa conciencia" surge como enmascaramiento teórico — con pretensiones de objetividad científica— de relaciones sociales concretas y de determinadas condiciones materiales de vida. En este caso, la ideología es un mensaje que partiendo de una descripción factual intenta su justificación teórica y gradualmente se incorpora a la sociedad como elemento del código.

He aquí el problema: No nos encontramos ante una obra científica, sino ante la exposición de una ideología. La Ciencia, por su parte, tendrá como función desenmascararla. Entretanto, para mantenerse en pie, la ideología dispone de otras herramientas, otros recursos, otros objetos de acuerdo.

3. Los lugares o tópicos (*tópoi*) y la exaltación de la lucha

Los párrafos de Umberto Eco con los que cerrábamos el capítulo anterior indican que el contenido de OSMNS no es ciencia sino ideología. Ciencia e ideología son contrarias en algunos de sus aspectos principales. La ciencia cultiva la duda, la ideología la prohíbe. Pero en OSMNS hay algo más que una ideología, hay un nuevo lenguaje. Ya vimos páginas atrás que Eugenio d'Ors había descubierto el idioma darwiniano o darvinés, lo que nos permite referirnos a Darwin como a un logoteta. Para Roland Barthes logotetas son, por ejemplo, Charles Fourier (1772-1837), fundador de la Escuela Social (*L'École sociétaire*) organizada en falansterios; el Marqués de Sade (1740-1814), autor de una serie de novelas de erotismo explícito; y San Ignacio de Loyola (1491-1556), autor de los *Ejercicios Espirituales*. ¿Qué tienen en común estos tres autores tan diferentes entre sí y con el autor de OSMNS? Los cuatro son logotetas, creadores de un lenguaje nuevo construido a partir de -y en torno a- una serie de conceptos clave: La ordenación social en torno al falansterio (Fourier), la mística aproximación religiosa mediante los ejercicios espirituales (Loyola); la pornografía (Sade), la vida como lucha (Darwin). Todos ellos han seleccionado una parte del mundo presentándola a sus semejantes con las expresiones que más convienen a su respectiva doctrina.

Los lugares o tópicos (*tópoi*) son puntos de vista de aceptación general a modo de "compartimentos" o normas que dirigen o contienen el discurso. En el idioma darwiniano o darvinés, los lugares más frecuentes son los relacionados con la lucha, la competición. No en vano son los elementos más útiles a su ideología y muy convenientes a un discurso autoritario. La presentación de un modelo inadecuado en el primer capítulo y un conjunto tan sesgado de datos en representación parcial de la variación en la naturaleza en el segundo capítulo, pondrían en grave peligro la obra si no fuera por la presencia de una súbita fuente de energía gobernada por un timonel que, con mano firme, salva la nave de la tempestad. En escasas quince páginas de un breve capítulo tercero y utilizando un lenguaje autoritario, Darwin convoca a sus súbditos. El comienzo del capítulo recuerda al de un sermón:

> *Before entering on the subject of this chapter I must make a few preliminary remarks to show how the struggle for existence bears on natural selection. It has been seen in the last chapter that among organic beings in a state of nature there is some individual variability: indeed I am not aware that this has ever been disputed. It is immaterial for us whether a multitude of doubtful forms be called species or sub-species or varieties; what rank, for instance, the two or three hundred doubtful forms of British plants are entitled to hold, if the existence of any well-marked varieties be admitted. But the mere existence of individual variability and of some few well-marked varieties, though necessary as the foundation for the work, helps us but little in understanding how species arise in nature. How have all those exquisite adaptations of one part of the organisation to another part, and to the conditions of life and of one organic being to another being, been perfected? We see these beautiful co-adaptations most plainly in the woodpecker and the mistletoe; and only a little less plainly in the humblest parasite which clings to the hairs of a quadruped or feathers of a bird; in the structure of the beetle which dives through the water; in the plumed seed which is wafted by the gentlest breeze; in short, we see beautiful adaptations everywhere and in every part of the organic world.*

Antes de entrar en el asunto de este capítulo debo hacer algunas observaciones preliminares para mostrar cómo la lucha por la existencia se relaciona con la selección natural. Se vio en el capítulo pasado que entre los seres orgánicos en estado natural existe alguna variabilidad individual, y, en verdad, no tengo noticia de que esto haya sido nunca discutido. Y si se admite la existencia de variedades bien marcadas, no tiene importancia para nosotros el que una multitud de formas dudosas sean llamadas especies, subespecies o variedades, ni qué categoría, por ejemplo, tengan derecho a ocupar las doscientas o trescientas formas dudosas de plantas británicas. Pero la simple existencia de variabilidad individual y de unas pocas variedades bien marcadas, aunque necesaria como fundamento para esta obra, nos ayuda poco a comprender cómo aparecen las especies en la naturaleza. ¿Cómo se han perfeccionado todas esas exquisitas adaptaciones de una parte de la organización a otra o a las condiciones de vida, o de un ser orgánico a otro ser orgánico? Vemos estas hermosas adaptaciones mutuas del modo más evidente en el pájaro carpintero y en el muérdago, y sólo un poco menos claramente en el más humilde parásito que se adhiere a los pelos de un cuadrúpedo o a las plumas de un ave; en la estructura del coleóptero que bucea en el agua, en la simiente plumosa, a la que transporta la más suave brisa; en una palabra, vemos hermosas adaptaciones dondequiera y en cada una de las partes del mundo orgánico.

Ante las dificultades insalvables planteadas en los capítulos primero y segundo un autor científico, o cualquiera motivado por un mínimo sentido común, un sentimiento de justicia o compasión hacia sus semejantes, habría abandonado la empresa, habría dejado ya de escribir. Pero OSMNS no es la obra de cualquiera, sino la de un experto retórico con una misión importante que cumplir.

La tarea de obligar a sus lectores a ignorar el orden que hay en la naturaleza necesita un empuje extraordinario. El discurso se vuelve así más sonoro y decidido. Sólo desde la autoridad emanará la respuesta a una pregunta tan importante como la planteada al principio del capítulo: *¿Cómo se han perfeccionado todas esas exquisitas adaptaciones de una parte de la organización a otra o a las condiciones de vida, o de un ser orgánico a otro ser orgánico?* El autor sabe que nunca tendrá respuesta para esta pregunta.

Empero, a falta de respuesta, se complace en adornar la pregunta. Si se tratase de una pregunta puntual estaría obligado a dar una respuesta concisa, pero tratándose de una cuestión de tan vasta complejidad, es suficiente con ilustrarla. La naturaleza es pródiga en ejemplos que pueden servir a tal fin: el pájaro carpintero, el muérdago, el más humilde parásito que se adhiere a los pelos de un cuadrúpedo o a las plumas de un ave; el coleóptero que bucea en el agua, la simiente plumosa, etc. Prepárense para ver ejemplos de todo aquello que convenga al autor porque la naturaleza es generosa y obsequia a nuestro autor con ejemplos de todo tipo. Eso sí, todos los ejemplos vendrán sazonados con expresiones de exaltación de la lucha y de la competición.

Si los dos primeros capítulos estaban escritos en el tono pacífico propio del discurso de un amante de las granjas o un naturalista aficionado, en este tercero el tono cambia súbitamente y del discurso sosegado pasamos ahora al autoritario, más propio del discurso tonitronante de un clérigo desde el púlpito o de una arenga militar que el de un científico. El autor se ha creído que, efectivamente, las adaptaciones son el resultado de la lucha y entra en una espiral de verbosidad creciente sin necesidad de lógica alguna. Ni tampoco de reflexión.

A partir de tal momento ya no hay retorno posible. Mantener el discurso es sólo cuestión de emoción, puro sentimiento. Todo vale con tal de no renunciar a la tarea. Una dinámica sin freno será la base de toda argumentación posterior. Puestos en ruta, una fe firme nos obliga a seguir adelante tras un autor convertido en flautista de Hamelin, líder que nos guía por tan ruinoso camino. Cualquier variación ventajosa mantendrá vivo al portador y le hará que tenga más descendencia. Así la variación crecerá, irá a más y, poco a poco, paso a paso dará lugar a la adaptación. Pero, ¿aportará el autor alguna prueba, algún ejemplo que muestre que esto ha dado lugar en la naturaleza a una especie nueva? Lamentablemente no. Aunque, si fuese necesario, todo vale como prueba a quien como tal quiera verlo. Todo se explica mediante un error. El error que era metonimia se convierte en oxímoron y este en pleonasmo. Sobreviven los más aptos. La tautología gira sin parar y en esta supervivencia de los más aptos comenzamos a ver ahora acciones bélicas. El lenguaje gira una y otra vez sobre sí mismo, más no avanza, y la ciencia debe ser avance y no vueltas.

Atrevidamente afirma el autor:

> *I have called this principle, by which each slight variation, if useful, is preserved, by the term natural selection, in order to mark its relation to man's power of selection.*

> He llamado a este principio, por el cual cada variación pequeña, si es útil se mantiene, con el nombre de selección natural, para indicar su relación con el poder de selección del hombre.

Pero nosotros repetimos: El poder está en la mejora, Mr. Darwin. No en la selección. La selección no tiene poder ninguno. Para ser preciso, y la ciencia exige precisión, a su principio usted debió llamarlo "Mejora Natural", que queda mucho mejor que Selección Natural. Al menos demuestra su incapacidad como explicación.

No es extraño que, ante este panorama, la lucha se imponga como norma de interpretación de la naturaleza:

> *Two canine animals, in a time of dearth, may be truly said to struggle with each other which shall get food and live. But a plant on the edge of a desert is said to struggle for life against the drought, though more properly*

it should be said to be dependent on the moisture. A plant which annually produces a thousand seeds, of which only one of an average comes to maturity, may be more truly said to struggle with the plants of the same and other kinds which already clothe the ground. The mistletoe is dependent on the apple and a few other trees, but can only in a far-fetched sense be said to struggle with these trees, for, if too many of these parasites grow on the same tree, it languishes and dies. But several seedling mistletoes, growing close together on the same branch, may more truly be said to struggle with each other. As the mistletoe is disseminated by birds, its existence depends on them; and it may metaphorically be said to struggle with other fruit-bearing plants, in tempting the birds to devour and thus disseminate its seeds. In these several senses, which pass into each other, I use for convenience sake the general term of Struggle for Existence.

De dos cánidos, en tiempo de hambre, puede decirse verdaderamente que luchan entre sí por cuál conseguirá comer o vivir; pero de una planta en el límite de un desierto se dice que lucha por la vida contra la sequedad, aunque más propio sería decir que depende de la humedad. De una planta que produce anualmente un millar de semillas, de las que, por término medio, sólo una llega a completo desarrollo, puede decirse, con más exactitud, que lucha con las plantas de la misma clase o de otras que ya cubrían el suelo. El muérdago depende del manzano y de algunos otros árboles; mas sólo en un sentido muy amplio puede decirse que lucha con estos árboles, pues si sobre un mismo árbol crecen demasiados parásitos de éstos, se extenúa y muere; pero de varias plantitas de muérdago que crecen muy juntas sobre la misma rama puede decirse con más exactitud que luchan mutuamente. Como el muérdago es diseminado por los pájaros, su existencia depende de ellos, y puede decirse metafóricamente que lucha con otras plantas frutales, tentando a los pájaros a tragar y diseminar de este modo sus semillas. En estos varios sentidos, que pasan insensiblemente de uno a otro, empleo por razón de conveniencia la expresión general lucha por la existencia.

La exaltación de la competición y de la lucha con tono autoritario ocupa todo el capítulo tercero inspirado en la sombría doctrina de Malthus, uno de los padres fundadores de la *dismal science*, la ciencia tenebrosa, la economía (d'Ors, 2000). Desde ahí sentará el autor las bases para que la lucha vuelva a surgir una y otra vez a lo largo de la obra en forma de expresiones puntuales que vienen a sazonar aquí y allá la obra como vimos al analizar el capítulo cuarto (Cervantes y Pérez Galicia, 2015). El autor se ha inspirado en Malthus como reconoce en la introducción. Una doctrina social fundamenta el darwinismo y sirve para construir su épica. Al ser los recursos limitados y la capacidad de reproducción elevada, la vida consiste en lucha (Cervantes y Pérez Galicia, 2015). El darwinismo es única -y plenamente- malthusianismo, doctrina social que nada puede enseñar sobre la formación de una especie nueva en la naturaleza, aspecto que, al igual que Malthus, el autor ignora. A cambio, encontramos en su obra excelentes ejemplos del discurso autoritario aderezados con un tópico, el de la lucha, verdadera y asombrosamente adecuado para tratar de la evolución en la naturaleza, puesto que cumple al pie de la letra las características necesarias para que un tópico evolucione que, Según Mortara Gravelli (p 100) son: ejemplaridad, autoridad e infracción de normas (para crear nuevos modelos).

"Darwinismo social", ejemplo de pleonasmo, es un curioso exceso verbal, repetición del contenido en una misma expresión. No hay más darwinismo que el darwinismo social, una ideología gris, sórdida y violenta. La introducción de OSMNS indica que la obra está inspirada en Malthus y el capítulo 3, titulado *La lucha por la vida* es una transposición de sus ideas a la naturaleza. El darwinismo, que, como vamos viendo, es una ideología, no tiene más sentido que el social. Se trata de una doctrina para obligar al lector a no ver nada a través de la naturaleza. Prohibirle la idea de diseño, atemorizarlo y convertirlo en uno entre las masas y, en consecuencia, manipular a la sociedad y alterar la naturaleza a gusto y conveniencia de la autoridad.

4. Figuras de retórica y argumentación: una serie encadenada de errores

Hemos llegado al capítulo IV de OSMNS, hasta hoy, nuestro favorito. El que habíamos escogido para un primer análisis del contenido en figuras y con cuyos tres primeros párrafos se podría escribir una enciclopedia de la retórica. En nuestro diagnóstico lo habíamos llamado "el motor que bombea confusión hacia todos los rincones de la obra" (Cervantes y Pérez Galicia, 2015). Sus primeros párrafos contienen el error fundamental del darwinismo que consistía en tomar el proceso de Mejora Genética, en inglés *breeding* y denominarlo con el nombre de una parte: selección. La metonimia es la figura visible que marca el error consistente en tomar la parte por el todo. Si en el momento de escoger para su libro la expresión *Selección Natural*, el autor se hubiese planteado como finalidad principal la precisión, si hubiese sido científico, entonces el libro se habría venido abajo *ipso facto* como un castillo de naipes. No es apropiado confundir la selección con la mejora ni llamar, a proceso alguno, "selección natural". En la naturaleza no hay nada de eso. Ni hay selección, ni tampoco hay mejora. Pero como vamos viendo, la dinámica imparable del autor no sólo le impide ver sus propios errores sino que, en ese proceso maravilloso que los retóricos llaman de *superación* y que analizaremos un poco más adelante, los errores son utilizados como material de alto contenido energético, combustible que sirve para generar más discurso, más texto, más errores que de nuevo serán, a su vez, combustible para la máquina de la confusión. Eso sí, adecuadamente vestida de discurso sobre la naturaleza.

En el apartado 67 de su tratado de retórica lo explican Perelman y Olbrecht Tyteca de este modo:

> Los argumentos de la superación insisten en la posibilidad de ir siempre más lejos en un sentido determinado, sin que se entrevea un límite en esta dirección, y esto con un crecimiento continuo de valor. Como lo declara una campesina, en un libro de Jouhandeau: *Puis c'est bon, meilleur c'est* (cuanto más bueno, mejor es). Así Calvino afirma que nunca se exagera en la dirección que atribuye la gloria, la virtud a Dios:
>
> *Mais nous ne lisons point qu'il y en ait eu de répris pour avoir trop puissé de la source des eaux vives.*
>
> Pero nosotros no leemos en absoluto que se haya reprendido a algunas personas por haber bebido demasiado de la fuente de agua viva.

5. Los modelos: segunda parte: los modelos del Imperio

Además del concepto general de modelo al que nos referíamos antes y que consiste en que toda labor científica tiene que adaptarse a un método general, en lo que se refiere al análisis de una obra particular encontramos, además, al menos dos tipos de modelos adicionales. En primer lugar tenemos los modelos personales, que son aquellos científicos, reconocidos explícitamente o no, que han servido de precursores de una obra, que constituyen su fuente de inspiración, los gigantes en cuyos hombros reconocía Newton haber subido. En segundo lugar encontraremos modelos ideológicos, es decir ideas clave de referencia mantenidas firmemente desde el principio y a través de la obra. Asimismo podemos destacar en una obra la ausencia de modelos personales e ideológicos y también la presencia de anti-modelos de uno u otro tipo.

En el Origen de las Especies encontramos de manera destacada algunos de estos elementos: En primer lugar surge un nuevo modelo de autor científico como consecuencia de someter al plagio y al maltrato a otros autores. A este juego de ensalzar a un autor en base a la ignorancia, plagio y maltrato de otros nos referiremos a continuación. Seguidamente trataremos de un anti-modelo ideológico.

Como indicaba Juan Benet en las frases del epígrafe de esta sección primera, OSMNS es un acontecimiento capital del Imperio Británico y se relaciona con el que era su objetivo principal, expresado por el monarca con motivo de la Exposición Internacional de Londres, el 1 de mayo de 1851, cuando en el brindis del banquete que semanas antes de la apertura de la Exposición se celebró en Mansion House, indicaba: *Brindo por conseguir la gran meta a la que apunta toda la historia, la realización de la unidad del género humano* (Benet, 1989, p 84). Evidentemente, la unidad del género humano según los criterios del imperio, reclamaba, necesitaba nuevos modelos. Ante estas premisas la sociedad victoriana debía ofrecerse a sí misma como modelo. Un país fuerte, vigoroso y dedicado plenamente a las tareas del progreso, debía presentar al mundo sus hombres como modelo, lo cual no era tarea fácil, porque según indica Benet un poco más adelante (Benet, 1989, p 121):

> Los hombres, indefectiblemente, fallaban por un lado o por otro. Posiblemente nunca fue -en toda la historia del reino- tan grande la discrepancia entre el hombre y el modelo del hombre, y como quiera que el primero es una materia esencialmente inmutable a lo largo de la historia, no cabe duda de que la responsabilidad de tal abismo caía de pleno sobre el segundo. El divorcio por tanto se abría también entre la vida pública y la privada, entre lo dicho y lo hecho.

Relata a continuación Benet el caso de la reina Victoria, cuando escribió a su primer ministro una carta aprobando la designación de un canónigo a condición de que ya no predicase la abstinencia total y otros ejemplos que destacan la importancia que en la época se daba a salvar las apariencias. Los modelos estaban siendo modificados al servicio del Imperio. Pero, sigamos leyendo a Benet, que ahora se refiere a Oscar Wilde:

> La justicia inglesa salvó las apariencias -era lo único que podía salvar- a costa de un hombre. Pero el celo que demostró para mantener tapada la olla abrió los ojos de Europa respecto de la clase de guiso que allí se estaba cocinando. Un potaje tan largo tiempo puesto al

fuego que ya no era comestible. No obstante ya no era una nación sino un imperio y nadie -y menos los fieles lectores de Buyan y Langland, situados en las magistraturas- podía tolerar que los esfuerzos de cuatro generaciones dedicadas a levantar la primera potencia mundial se vieran mermados por las pasiones nocturnas de un carácter licencioso.

El Imperio reclamaba sacrificios personales que, a veces podían tener como consecuencia la exaltación de determinadas personas a la categoría de modelo.

5.1. Autores ausentes y maltratados sirven para configurar un nuevo modelo

Entre los sacrificios personales, el autor peor tratado en OSMNS es Jean Baptiste Lamarck y su ausencia, manifiesta a lo largo de toda la obra, se hace notable, como pronto veremos, en el capítulo 5. Empero, hay otras ausencias notables y no sólo Lamarck, sino varios autores, resultan severamente maltratados. Se configura así un conjunto de plagios, ausencias y malos tratos único en una obra pretendidamente científica. El objetivo de este comportamiento es, como veíamos, la creación de un nuevo modelo. Es necesario destacar una figura poniéndola de relieve para que quede como autor principal en la historia de la transformación de las especies, fundador de la Evolución y por tanto de la Biología y eclipsando a los demás. ¿Quién será? ¿Qué figura ha de quedar por encima de todas las demás? La del autor firmante, sujeto que satisface las características del grupo social predominante en su época y en su país.

Lo mismo que su obra servirá de modelo para un mundo sin religión, Charles Darwin es ejemplo de la clase social pujante en la Inglaterra victoriana y representa al nuevo modelo social: el *whig*, comerciante o industrial liberal, que adquiere un desarrollo espectacular como pieza clave en el desarrollo del Imperio Británico y también en sintonía con el fundamento de la pujante nación hermana al otro lado del atlántico.

En la operación de ensalzamiento del autor interviene una batería de elementos sociales de todo tipo que incluye a su propia esposa, establecida como defensora frente a las cartas que reclaman respuestas urgentes; sus hijos, compositores de sus biografías; yernos y amistades de los mismos pertenecientes a la más alta y floreciente sociedad norteamericana, algunos de los cuales son figuras muy relevantes de la academia y de la vida social, fundamentales para su promoción, etc. Por otra parte, Darwin no acostumbraba a defenderse de sus críticos siendo T.H. Huxley quien respondía a las críticas de otros científicos nacionales y europeos y portavoz de Darwin en los debates que ocasione su obra. Científicos profesionales como Hooker, Lyell y otros, unidos en el poderoso X-Club, así como sociedades científicas y grupos editoriales, representantes todos ellos sin excepción de la nueva tendencia liberal, contribuirán a la promoción de ambos, del autor y de su obra, en una operación que ha tenido como resultado un éxito tan indudable como poco ético, puesto que se ha basado en ocultar la dura realidad: Lo que El Origen de las Especies contiene de ciencia es compendio de la obra de otros autores: Lamarck, Matthew, Owen, Blyth, Trémaux y otros.

En ciencia es fundamental reconocer la prioridad de las ideas, de las observaciones, la autoría en los experimentos y la originalidad en todo aquello que sea posible. Cuando una obra presenta los datos sin referirse debidamente a sus autores nos encontramos ante un grave problema de plagio. La solución es única y debe ser inmediata: corregir el libro incluyendo todas las debidas citas en alguna de sus sucesivas ediciones. Pero en OSMNS no era conveniente proceder de esta manera ortodoxa. Esto habría dado al traste con la obra y con el autor y el Imperio habría quedado privado de su nuevo modelo anhelado por los *whigs* y los liberales.

Ante la flagrante necesidad de incluir referencias a los autores, surgió una solución de compromiso que mantuviese en pie la figura del carismático líder que la nueva secta liberal-anticlerical necesitaba proponer. Una solución que asimismo serviría para continuar con la ingente tarea de generar confusión, una de las principales en esta obra. Es a partir de la tercera edición (1861), cuando se incluye al comienzo de la obra el llamado *Historical Sketch* (Borrador histórico), un conjunto de páginas con el fin aparente de enmendar las ausencias de multitud de naturalistas pero, que, como iremos viendo, viene asimismo cumpliendo otros objetivos importantes (Cervantes, 2011a).

Para destacar la figura del autor firmante y que en el libro sea tolerable tanta ausencia, o dicho más llanamente, tanto plagio, los datos han de presentarse de manera confusa. La extensión del libro sirve así a una función de ocultación. Dicho de otro modo, el libro es extenso porque carece de contenido. La falta de originalidad y la necesidad de copiar sin citar debidamente a los autores copiados ha llevado al autor a escribir un libro voluminoso y mal ordenado. Esto explica por qué no se trata de las leyes de la variación hasta el capítulo quinto cuando, si en realidad se van a estudiar, pertenecen de lleno al capítulo segundo titulado *La Variación en la Naturaleza*. Pero el autor no tiene ni la experiencia debida ni conocimiento suficiente para enfrentarse por sí mismo con ley alguna de la variación y para los contenidos de tal capítulo se sirve de Lamarck, de quien copia hasta los epígrafes sin mencionarlo. Así ocurre cuando al principio del capítulo trata del uso y el desuso citando en el lugar correspondiente varios ejemplos tomados directamente del autor francés, como el del topo, el de los roedores ciegos o el de las aves que no vuelan como el pato y el avestruz. En nuestro libro anterior habíamos visto los numerosos casos de textos en la obra de Darwin que están copiados de Lamarck (ver apéndice 1 en Cervantes y Pérez Galicia, 2015). Aquí nos interesa otro análisis más avanzado: El del maltrato que Darwin hace a Lamarck después de haberle plagiado. Comencemos con este autor antes de abordar otros casos.

Lo curioso con Lamarck es que en las ocasiones en que se le cita se hace con el fin de desacreditarlo. Así en el segundo párrafo del *Historical Sketch*, cuando queda eclipsado por la mención al abuelo del autor:

> *In this work a full account is given of Buffon's conclusions on the same subject. It is curious how largely my grandfather, Dr. Erasmus Darwin, anticipated the views and erroneous grounds of opinion of Lamarck...*

> En este trabajo daremos una cuenta complete de las conclusiones de Buffon sobre el mismo sujeto. Es curioso cuán largamente mi abuelo, el Dr. Erasmus Darwin, se anticipó a los puntos de vista y al erróneo fundamento de Lamarck...

Con lo cual, en el caso de Lamarck, el *Sketch* consigue cumplir su primera función, es decir la de corregir su falta de mención en la obra, pero además de ello, y en lugar de reconocer el mérito de su originalidad, hace de él una mención ingrata y de descrédito.

El Origen de las Especies está lleno a rebosar de conceptos de la *Philosophie Zoologique*, de sus leyes y de ejemplos tomados directamente de esta obra que se exponen sin la debida referencia. No en vano Pierre Flourens dijo:

Le fait est que Lamarck est le père de M. Darwin. Il a commencé son système.

Toutes les idées de Lamarck sont, au fond, celles de M. Darwin. M. Darwin ne le dit pas d'abord; il a trop d'art pour cela. Il effaroucherait son lecteur, et il veut le séduire; mais, quand il juge le moment venu, il le dit nettement et formellement.

El hecho es que Lamarck fue el padre del señor Darwin. Fue él quien comenzó su sistema.

Todas las ideas de Lamarck son, básicamente, las de Mr. Darwin. Mr. Darwin no lo dijo primero, él tenía demasiado arte para decirlo. Habría espantado a sus lectores, y lo que quería era seducirlos, pero llegado el momento, lo dice clara y formalmente.

Ya en uno de los primeros párrafos del capítulo 1 que habla del plumaje de las gallinas está presente Lamarck:

Each of the endless variations which we see in the plumage of our fowls must have had some efficient cause; and if the same cause were to act uniformly during a long series of generations on many individuals, all probably would be modified in the same manner.

Cada una de las infinitas variaciones que vemos en el plumaje de nuestras gallinas debe haber tenido alguna causa eficiente, y si la misma causa actuase uniformemente durante una larga serie de generaciones en muchos individuos, todos probablemente serían modificados de la misma manera.

Así como el párrafo siguiente donde dice:

All such changes of structure, whether extremely slight or strongly marked, which appear among many individuals living together, may be considered as the indefinite effects of the conditions of life on each individual organism...

53

Todos estos cambios de estructura, ya sea muy leve o muy marcados, que aparecen entre muchos individuos que viven juntos, puede ser considerado como efectos indefinidos de las condiciones de vida de cada organismo individual...

Lo cual procede sin duda de nuestro querido Lamarck. Y si no se lo creen, lean su *Philosophie Zoologique* (p231):

Quant aux circonstances qui ont tant de puissance pour modifier les organes des corps vivans, les plus influentes sont, sans doute, la diversité des milieux dans lesquels ils habitent; mais, en outre, il y en a beaucoup d'autres qui ensuite influent considérablement dans la production des effets dont il est question.

En cuanto a las circunstancias que tanto poder tienen para modificar los órganos en los cuerpos vivientes, las más influyentes son sin duda, la diversidad de los medios en los que habitan; pero, además, hay muchas otras que influyen también considerablemente en la producción de los efectos estudiados.

Empero, a pesar de que párrafos enteros, e incluso secciones, están tomados directamente de Lamarck, en todo el texto este autor aparece citado en un total de tres ocasiones. La finalidad es, al igual que veíamos con ocasión de su mención en el *Historical Scketch*, desacreditarlo. Merece la pena detenerse ahora en las tres ocasiones:

La primera, cuando ya en el capítulo cuarto, el autor plantea una severa objeción:

But it may be objected that if all organic beings thus tend to rise in the scale, how is it that throughout the world a multitude of the lowest forms

54

still exist; and how is it that in each great class some forms are far more
highly developed than others? Why have not the more highly developed
forms everywhere supplanted and exterminated the lower?

Pero, si todos los seres orgánicos tienden a elevarse de este
modo en la escala, puede hacerse la objeción de ¿cómo es que,
por todo el mundo, existen todavía multitud de formas
inferiores, y cómo es que en todas las grandes clases hay
formas muchísimo más desarrolladas que otras? ¿Por qué las
formas más perfeccionadas no han suplantado ni exterminado
en todas partes a las inferiores?

Antes de "resolver" esta enorme dificultad que tan temprano ha
aparecido, con una soltura impresionante, con una facilidad asombrosa
que, de momento no vamos a comentar, el autor nos remite a Lamarck;
y, vean ustedes de qué manera tan curiosa dilata su propia respuesta, en
primer lugar identificándose con Lamarck, para, a continuación,
rebajarlo:

Lamarck, who believed in an innate and inevitable tendency towards
perfection in all organic beings, seems to have felt this difficulty so strongly
that he was led to suppose that new and simple forms are continually
being produced by spontaneous generation.

Lamarck, que creía en una tendencia innata e inevitable hacia
la perfección en todos los seres orgánicos, parece haber
sentido tan vivamente esta dificultad, que fue llevado a
suponer que de continuo se producen, por generación
espontánea, formas nuevas y sencillas.

En expresión que podríamos parafrasear de este modo:

Lamarck, que creía <u>como yo creo</u> en una tendencia innata e
inevitable hacia la perfección en todos los seres orgánicos,
parece haber sentido tan vivamente esta dificultad <u>que, desde
su error que no comparto,</u> fue llevado a suponer que de

continuo se producen, por generación espontánea, formas nuevas y sencillas. <u>Mis explicaciones, en cambio, se basan en algo mejor que meras suposiciones.</u>

La segunda vez que se menciona a Lamarck es al final del capítulo VIII dedicado a los instintos, en una curiosa mezcla de manifestación de fe en la selección natural y rechazo inexplicable de este autor que acaba cargando sobre sus espaldas con todo el peso de un párrafo farragoso y casi incomprensible. Permítasenos de nuevo mencionar el largo párrafo correspondiente. En inglés:

I have now explained how, I believe, the wonderful fact of two distinctly defined castes of sterile workers existing in the same nest, both widely different from each other and from their parents, has originated. We can see how useful their production may have been to a social community of ants, on the same principle that the division of labour is useful to civilised man. Ants, however, work by inherited instincts and by inherited organs or tools, while man works by acquired knowledge and manufactured instruments. But I must confess, that, <u>with all my faith in natural selection</u>, I should never have anticipated that this principle could have been efficient in so high a degree, had not the case of these neuter insects led me to this conclusion. I have, therefore, discussed this case, at some little but wholly insufficient length, in order to show the power of natural selection, and likewise because this is by far the most serious special difficulty which my theory has encountered. The case, also, is very interesting, as it proves that with animals, as with plants, any amount of modification may be effected by the accumulation of numerous, slight, spontaneous variations, which are in any way profitable, without exercise or habit having been brought into play. For peculiar habits, confined to the workers of sterile females, however long they might be followed, could not possibly affect the males and fertile females, which alone leave descendants. I am surprised that no one has advanced this demonstrative case of neuter insects, against the well-known doctrine of inherited habit, as advanced by Lamarck.

Y en español:

Acabo de explicar cómo, a mi parecer, se ha originado el asombroso hecho de que existan en el mismo hormiguero dos castas claramente definidas de obreras estériles, que difieren, no sólo entre sí, sino también de sus padres. Podemos ver lo útil que debe haber sido su producción para una comunidad social de hormigas, por la misma razón que la división del trabajo es útil al hombre civilizado. Las hormigas, sin embargo, trabajan mediante instintos heredados y mediante órganos o herramientas heredados, mientras que el hombre trabaja mediante conocimientos adquiridos e instrumentos manufacturados. Pero he de confesar que, con toda mi fe en la selección natural, nunca hubiera esperado que este principio hubiese sido tan sumamente eficaz, si el caso de estos insectos neutros no me hubiese llevado a esta conclusión. Por este motivo he discutido este caso con un poco de extensión, aunque por completo insuficiente, a fin de mostrar el poder de la selección natural, y también porque ésta es, con mucho, la dificultad especial más grave que he encontrado en mi teoría. El caso, además, es interesantísimo, porque prueba que en los animales, lo mismo que en las plantas, puede realizarse cualquier grado de modificación por la acumulación de numerosas variaciones espontáneas pequeñas que sean de cualquier modo útiles, sin que haya entrado en juego el ejercicio o costumbre; pues las costumbres peculiares, limitadas a los obreras o hembras estériles, por mucho tiempo que puedan haber sido practicadas, nunca pudieron afectar a los machos y a las hembras fecundas, que son los únicos que dejan descendientes. Me sorprende que nadie, hasta ahora, haya presentado este caso tan demostrativo de los insectos neutros en contra de la famosa doctrina de las costumbres heredadas, según la ha propuesto Lamarck.

Y la tercera mención explícita de Lamarck, ya al final del capítulo XIV, viene a cuento para indicar que fue el primero en destacar la diferencia entre afinidades reales y semejanzas adaptativas. Pero resulta increíble que Lamarck se cite en el contexto de esta cuestión tan confusa y no se cite un poco antes cuando se habla de morfología; en la sección siguiente, de desarrollo y embriología, o más merecidamente todavía en la siguiente dedicada a órganos rudimentarios, atrofiados y abortados, cuyos contenidos nos traen constantemente a la memoria la obra del naturalista francés. Maltratado por sus contemporáneos por defender sus ideas sobre la transformación de las especies es ahora ignorado y sus ideas se presentan huérfanas en esta obra:

> *It appears probable that disuse has been the main agent in rendering organs rudimentary. It would at first lead by slow steps to the more and more complete reduction of a part, until at last it became rudimentary—as in the case of the eyes of animals inhabiting dark caverns, and of the wings of birds inhabiting oceanic islands, which have seldom been forced by beasts of prey to take flight, and have ultimately lost the power of flying. Again, an organ, useful under certain conditions, might become injurious under others, as with the wings of beetles living on small and exposed islands; and in this case natural selection will have aided in reducing the organ, until it was rendered harmless and rudimentary.*

Parece probable que el desuso ha sido el agente principal en la atrofia de los órganos. Al principio llevaría poco a poco a la reducción cada vez mayor de una parte, hasta que al fin llegase ésta a ser rudimentaria, como en el caso de los ojos en animales que viven en cavernas obscuras y en el de las alas en aves que viven en las islas oceánicas, aves a las que raras veces han obligado a emprender el vuelo los animales de presa, y que finalmente han perdido la facultad de volar. Además, un órgano útil en ciertas condiciones puede volverse perjudicial en otras, como las alas de los coleópteros que viven en islas pequeñas y expuestas a los vientos, y en este caso la selección natural habrá ayudado a la reducción del órgano hasta que se volvió inofensivo y rudimentario

En particular el capítulo quinto titulado *Leyes de la variación* y misteriosamente colocado después de haber expuesto la llamada "teoría" de la selección natural se refiere principalmente al enunciado y ejemplos de la Primera Ley de Lamarck. Lo esencial de todo ello puede encontrarse en la obra *Philosophie Zoologique* que este autor publicó en 1809, es decir exactamente el año del nacimiento de Charles Darwin. El resto son pruebas de una confusión notable.

El trato dado a Lamarck es ejemplo de cómo no debe ser mencionado un autor en una obra científica: Ocultando su nombre ahí donde hay una verdadera contribución y escribiéndolo oportunamente donde su contribución es secundaria o puede servir para distorsionar su imagen, de manera que quien escribe hace un ejercicio de auto-exaltación y el lector queda sumido en confusión. Pero Lamarck era ya un autor antiguo en 1859 y cuando vio la luz OSMNS otros autores, y no Lamarck, se habían dedicado recientemente a estudiar el desarrollo de los organismos, sus relaciones entre sí y con el ambiente, todos ellos maltratados en El Origen de las Especies. Nos referiremos ahora brevemente a Ernst von Baer y a Richard Owen, de quien trataremos más adelante en detalle y un poco más extensamente, a Patrick Matthew, Edward Blyth y a Pierre Trémaux.

Entre los autores que no son citados en la obra, o lo son muy someramente, pero son citados luego a presión en el *Historical Sketch*, hay muchos cuyo trabajo es despachado en una exhalación. Uno de estos autores malditos de los cuales el darwinismo huye es Ernst von Baer, el descubridor del óvulo humano, cuya obra *Ueber Entwicklungsgeschichte der Thiere* sirvió de base a todas las teorías que a lo largo de los siglos XIX y XX quisieron buscar la conexión entre desarrollo embrionario y Evolución. Hoy en día se encuentran traducciones a muchos idiomas de multitud de libros confusos escritos a partir de la obra de von Baer, pero el original resulta muy difícil de encontrar, y puede que no se haya hecho nunca una traducción al inglés de esta obra fundamental. Tan difícil es encontrar este libro como la carta de von Baer a Darwin (*The Darwin Papers*; Manuscripts Room, Cambridge University Library, Cambridge, England, 160), que, no sabemos por qué no terminan de colocar en la web de Darwin Online:

(http://darwin-online.org.uk/content/record?itemID=CUL-DAR160.15).

Entre los autores maltratados es también notable el caso de Richard Owen, víctima de un castigo ejemplar que explicaremos detalladamente en la sección dedicada al endurecimiento de las nociones, que, como veremos, tiene mucho que ver con el anti-modelo ideológico del que trataremos enseguida.

Pattrick Matthew es el autor de una obra titulada *On Naval Timber and Arboriculture*, publicada en 1831, en la cual si no se menciona literalmente la expresión *Selección Natural* sí que se menciona un *natural process of selection*, es decir, lo mismo, sea esto lo que sea. Pero en el texto de OSMNS previo al Historical Sketch no hay mención de Matthew ni de su obra y la mención que se le hace en el Sketch es memorable. Dice:

> *In 1831 Mr. Patrick Matthew published his work on "Naval Timber and Arboriculture", in which he gives precisely the same view on the origin of species as that (presently to be alluded to) propounded by Mr. Wallace and myself in the "Linnean Journal", and as that enlarged in the present volume. Unfortunately the view was given by Mr. Matthew <u>very briefly in scattered passages in an appendix to a work on a different subject</u>, so that it remained unnoticed until Mr. Matthew himself drew attention to it in the "Gardeners' Chronicle", on April 7, 1860. The differences of Mr. Matthew's views from mine are not of much importance: he seems to consider that the world was nearly depopulated at successive periods, and then restocked; and he gives as an alternative, that new forms may be generated "without the presence of any mold or germ of former aggregates." I*

am not sure that I understand some passages; but it seems that he attributes much influence to the direct action of the conditions of life. He clearly saw, however, the full force of the principle of natural selection.

Que traducido es:

En 1831 Mr. Patrick Matthew publicó su trabajo sobre *Naval Timber and Arboriculture* (Madera de Construcción Naval y Arboricultura), en el que expone precisamente el mismo punto de vista sobre el origen de las especies que el presentado por Mr. Wallace y por mí en el " Linnean Journal ", al que voy a aludir en breve, y que el desarrollado en este volumen presente. Desgraciadamente esta opinión fue expuesta por Matthew muy brevemente en pasajes dispersados de un apéndice a una obra sobre un asunto diferente, de modo que quedó inadvertida hasta que el mismo Mr Matthew llamó la atención sobre ella en el *Gardeners Cronicle* del 7 de abril de 1860. Las diferencias entre la opinión de Mr. Matthew y la mía no son de mucha importancia: él parece considerar que el mundo casi fue despoblado en períodos sucesivos, y luego repoblado; y da como una alternativa, según la cual nuevas formas pueden ser generadas " sin la presencia de cualquier molde o germen de agregados anteriores. " No estoy seguro de haber entendido algunos pasajes; pero parece que él atribuye mucha influencia a la acción directa de las condiciones de vida. Sin embargo Mr. Matthew vio claramente toda la fuerza del principio de selección natural.

Párrafo suficiente para atribuir a Matthew y no a Darwin, la idea original de *selección natural* que, por otra parte y como indicábamos anteriormente, es un error conceptual.

El Dr. Mike Sutton, criminólogo, ha utilizado una batería de herramientas de búsqueda en Internet para derribar el principal argumento darwinista, que sería, o bien decir que Darwin no tuvo acceso a la obra de Matthew, lo cual queda desmentido por el propio Darwin en el párrafo expuesto, o bien que Matthew había presentado sus ideas de manera muy indirecta y con muy poca difusión, como literalmente dice Darwin:

> *Unfortunately the view was given by Mr. Matthew <u>very briefly in scattered passages in an appendix to a work on a different subject</u>, so that it remained unnoticed until Mr. Matthew himself drew attention to it in the "Gardeners' Chronicle", on April 7, 1860.*

En todo caso, Darwin leyó a Matthew y tomó sus ideas de un libro que, ciertamente, era de un asunto diferente, pero no menor, puesto que en 1831 la madera naval y la arboricultura eran cuestiones-clave para la economía del país, y por lo tanto el libro había tenido una gran difusión. Matthew es anterior a Darwin pero sus características (escocés, simpatizante en las revueltas Chartistas de Londres) no permitían su encaje en el perfil del nuevo modelo liberal.

Por si fuera poco, el concepto de *Natural Selection* aparece también en la obra de Edward Blyth (1810-1873). Blyth publicó entre 1835 y 1837 algunos artículos en *The British Magazine of Natural History*, en los que describía, mucho antes que Darwin, aspectos-clave de la obra de éste incluyendo la propia *Selección Natural*, la radiación adaptativa y la lucha por la existencia. Darwin leyó los artículos de Blyth, al que conocía y menciona puntualmente tres veces en OSMNS. Loren Eiseley escribió acerca de esta interesante relación en su libro *Darwin and the Mysterious X.* (E.P. Dutton, New York, 1979) y Andrew J. Bradbury ofrece una reseña bastante completa y bien documentada del caso que incluye los artículos originales de Blyth en sus páginas web tituladas *Charles Darwin – The Truth? (A new slant on Victorian science)*.

Pero para no entretenernos demasiado conformémonos con una breve lectura. La comparación de dos párrafos será suficiente para tener una idea en la que basar nuestra opinión. El primero pertenece a la introducción del Origen de las Especies, el segundo a un artículo de Blyth.

Primero:

The last of these divisions to which I more peculiarly restrict the term variety, consists of what are, in fact, a kind of deformities, or monstrous births, the peculiarities of which, from reasons already mentioned, would very rarely, if ever, be perpetuated in a state of nature;

La última de estas divisiones a la cual restrinjo término de variedad, consiste en lo que son, de hecho, una especie de deformidades, o nacimientos monstruosos, cuyas peculiaridades, por motivos ya mencionados, muy raras veces, si alguna vez, serían perpetuadas en un estado de naturaleza;

Segundo:

It may be doubted whether sudden and considerable deviations of structure such as we see in our domestic productions... are ever permanently propagated in a state of nature.

Podría dudarse si las desviaciones repentinas y considerables de estructura como las que vemos en nuestras producciones domésticas ... serían alguna vez, perpetuadas en un estado de naturaleza;

Además de copiar de Lamarck, Matthew y Blyth, Darwin copió también de Pierre Trémaux, autor francés que propuso la existencia de grandes periodos de equilibrio (*stases*) alterados por breves periodos de cambios bruscos. En el resumen del capítulo 11 de OSMNS Darwin se muestra particularmente confuso acerca de si el cambio es continuo (gradual es el adjetivo empleado) o no lo es. De acuerdo con lo expresado antes en la obra, con la igualdad entre especies y variedades y la validez de la granja para el estudio de la naturaleza, entonces el cambio debería ser continuo, constante, sin sobresaltos; pero el registro fósil indica lo contrario. Un artículo titulado *Trémaux and Darwin, and Gould*, del que son autores John S. Wilkins y Gareth J. Nelson nos ayuda a entender que Darwin había leído a Trémaux, autor a quien nunca citó ni se refirió a su trabajo, a pesar de que bien pudo haberle servido para añadir unas cuantas palabras a la versión de 1866 (cuarta edición), palabras que todavía en algunas ediciones encontramos puestas en cursiva en el resumen de los argumentos de los capítulos sobre la geología (capítulos IX y X):

... although each species must have passed through numerous transitional stages, it is probable that the periods, during which each underwent modification, though many and long as measured by years, have been short in comparison with the periods during which each remained in an unchanged condition. These causes, taken conjointly, will to a large extent explain why though we do find many links between the species of the same group we do not find interminable varieties, connecting together all extinct and existing forms by the finest graduated steps

...aun cuando cada especie tiene que haber pasado por numerosos estados de transición, es probable que los períodos durante los cuales experimentó modificaciones, aunque muchos y largos si se miden por años, hayan sido cortos, en comparación con los períodos durante los cuales cada especie permaneció sin variación. Estas causas reunidas explicarán, en gran parte, por qué, aun cuando encontremos muchos eslabones, no encontramos innumerables variedades que enlacen todas las formas vivientes y, extinguidas mediante las más delicadas gradaciones.

Con lo cual queda claro (si es que hay algo que quede claro en El Origen de las Especies) que una especie no es lo mismo que una variedad. Asimismo queda definitivamente resuelta la duda acerca de si las especies cambian de manera brusca, a saltos o contínua: A saltos, pero de manera contínua. Como si se tratase de variedades, pero sin ser variedades. Como de costumbre, ambigüedad según convenga a la autoridad competente. Neolengua (Orwell, 1984).

5.2.   Un anti-modelo ideológico

Siguiendo con los modelos especiales o particulares de esta obra, vamos ahora más allá de los modelos personales para ver el anti-modelo ideológico al que nos referíamos antes y que, en OSMNS consiste en obligarnos a ignorar el orden que existe en la naturaleza o, dicho de otro modo, eliminar la idea, siquiera la posibilidad de un diseño. De esto también se dio cuenta bien temprano uno de sus lectores. Al preguntarse sobre la idea principal de Darwin, el reverendo Charles Hodge, de Princeton, descubre en 1874 que no es la transformación de las especies ni la selección natural, sino que la idea principal de Darwin es el rechazo de toda teleología, de toda causa final. El rechazo de la idea de diseño en la naturaleza:

> *It is however neither evolution nor natural selection, which give Darwinism its peculiar character and importance. It is that Darwin rejects all teleology, or the doctrine of final causes. He denies design in any of the organisms in the vegetable or animal world. He teaches that the eye was formed without any purpose of producing an organ of vision.*

No es, sin embargo, ni la evolución ni la selección natural, lo que da al darwinismo su peculiar carácter e importancia. Es el hecho de que Darwin rechaza toda teleología, o la doctrina de las causas finales. Niega diseño en cualquiera de los organismos en el mundo vegetal o animal. Él enseña que el ojo se formó sin ningún propósito de producir un órgano de la visión.

Y más aún:

It would be absurd to say anything disrespectful of such a man as Mr. Darwin, and scarcely less absurd to indulge in any mere extravagance of language; yet we are expressing our own experience, when we say that we regard Mr. Darwin's books the best refutation of Mr. Darwin's theory.

He constantly shuts us up to the alternative of believing that the eye is a work of design or the product of the unintended action of blind physical causes. To any ordinarily constituted mind, it is absolutely impossible to believe that it is not a work of design. Darwin himself, it is evident, dear as his theory is, can hardly believe it.

Sería absurdo decir nada irrespetuoso de un hombre como el Sr. Darwin, y no menos absurdo permitirse extravagancias del lenguaje, sin embargo, estamos expresando nuestra propia experiencia, cuando decimos que consideramos los libros de Darwin la mejor refutación de la teoría de Darwin.

Constantemente nos indica la alternativa de tener que decidir entre creer que el ojo es o bien un producto de diseño o el producto de la acción involuntaria de causas físicas ciegas. Para cualquier mente normalmente constituida, es absolutamente imposible creer que no es un producto de diseño. Para Darwin mismo, es evidente, aún a pesar de su teoría, apenas puede creerlo.

Ir en contra de la idea de diseño es una operación compleja y de muy largo alcance, tanto que sospechamos que nadie tuvo en cuenta estas consideraciones al ponerla en marcha, ni tampoco ahora una vez que la operación ya ha funcionado. La operación se realiza en la obra mediante una serie de pasos que son: 1) Restar importancia al concepto de *especie* igualándolo con el de *variedad*, y 2) Obligar al lector a ignorar el orden que existe en la naturaleza.

Pero al impedir ver algo que es de una importancia palmaria en la Historia Natural, Darwin demuestra, por un lado, carecer de la objetividad tan necesaria en la Ciencia, y además, huir de esa objetividad ciñéndose a un punto de vista sesgado, sectario. Lejos de sus objetivos, el análisis de OSMNS demuestra dos cosas:

1) Que resulta muy difícil y laborioso eliminar la idea de diseño en la naturaleza sin recurrir a un complejo aparato de recursos retóricos que encubren múltiples errores y falsedades.

2) Que la obra no tiene intención científica alguna sino una finalidad social.

El Origen de las Especies es una herramienta, un arma para una operación estratégica en el debate entre las viejas tradiciones representadas por la Iglesia y las nuevas corrientes científicas. Con palabras de Adrian Desmond, biógrafo de Darwin y de Huxley, y muy poco sospechoso de anti-darwinismo:

The darwinian boat was now bumping along on the ferocious waves already pounding the ortodox church

El barco darwiniano avanzaba ahora dando sacudidas sobre las olas feroces que ya aporreaban a la iglesia ortodoxa

El barco darwiniano avanzaba sacudido por las olas en medio de un mar de dificultades. Empero, la tormenta arreciaba con mayor ímpetu para otros barcos que navegaban a su costado. La floreciente industria del Imperio británico necesitaba una ciencia joven y dinámica y, sobre todo, plegada a sus intereses. El dominio de los grupos conservadores liderados por la aristocracia y la jerarquía eclesiástica debería dejar paso a otras parcelas de poder representadas por los científicos de apariencia más independiente. En aquella época, nos cuenta Adrian Desmond en su biografía de Thomas Henry Huxley, la ciencia debería venir a ser como los caballos que tiran del carro de la Industria:

> For him, "searchers after truth" were not dreamy idealists. They were the horses of the chariots of industry.

> Para él los "buscadores de la verdad" no eran idealistas soñadores. Eran los caballos de los carros de la industria.

Dos metáforas a cuál más jugosa: La primera, el barco sacudido por la tormenta, aplicable tanto a la iglesia como al darwinismo, ambos navegando en el mismo mar de dificultades; la otra, el carro de la industria tirado por los caballos de la ciencia, aplicable ya sólo al segundo caso, es decir a aquel en que la ciencia es dócil y servil para con los intereses de una industria gobernada por la banca y dispuesta a transformar la naturaleza a su antojo.

Desde entonces hasta hoy se piden a la Ciencia esas dos cosas: La primera, músculo, potencia para tirar del carro de la industria. La segunda, obediencia. Más músculo que reflexión, porque el exceso de reflexión podría conducir a la desobediencia. Excelente metáfora, Mr. Desmond. Sólo le falta indicar quién va sentado en el pescante gobernando las riendas de dicho carro que portaría la carga de la industria y sería arrastrado por la potencia equina e irreflexiva de la ciencia. ¿Quién llevará las riendas, Mr Desmond? ¿Quién gobernará a los caballos con el azote del látigo? ¿Tal vez la banca? Puede ser. Lo único que ahora ya sabemos seguro es que no iba a ser la Iglesia quien gobernase aquel carro.

Pero es posible que la operación sistemáticamente efectuada a partir de entonces para eliminar la influencia de la Iglesia haya tenido un alcance mucho mayor del previsto, o mejor dicho, como sugeríamos arriba, que la operación se haya llevado a cabo sin una adecuada previsión de sus consecuencias. Quitar la autoridad de la Iglesia supone eliminar de la Ciencia no sólo uno de sus controles más rigurosos, sino también uno de sus motores más potentes. En definitiva, el resultado es un cambio en la jerarquía, en los "valores", pero de todo esto trataremos a su debido tiempo. Conviene ahora traer a colación de nuevo aquella famosa carta de Sedgwick que ya hemos mencionado arriba y destacar otro de sus párrafos:

There is a moral or metaphysical part of nature as well as a physical. A man who denies this is deep in the mire of folly. Tis the crown & glory of organic science that it does thro' final cause, link material to moral; & yet does not allow us to mingle them in our first conception of laws, & our classification of such laws whether we consider one side of nature or the other— You have ignored this link; &, if I do not mistake your meaning, you have done your best in one or two pregnant cases to break it. Were it possible (which thank God it is not) to break it, humanity in my mind, would suffer a damage that might brutalize it—& sink the human race into a lower grade of degradation than any into which it has fallen since its written records tell us of its history. Take the case of the bee cells. If your development produced the successive modification of the bee & its cells (which no mortal can prove) final cause would stand good as the directing cause under which the successive generations acted & gradually improved— Passages in your book, like that to which I have alluded (& there are others almost as bad) greatly shocked my moral taste.

Así como hay una parte física, también hay una parte moral o metafísica en la naturaleza. Quien niega esto se encuentra profundamente sumido en el fango de la locura. Esto es la corona y la gloria de la ciencia orgánica que a través de la causa final, une lo material con lo moral; y aun así no permite mezclarlos en nuestro primer concepto de leyes, ni en nuestra clasificación de tales leyes ni considerando un lado de la naturaleza ni el otro - Usted no ha hecho caso de este vínculo; y, si no confundo su significado, usted ha hecho todo lo posible para romperlo en uno o dos casos en curso. Si fuera posible (que gracias a Dios no lo es) romperlo, la humanidad, en mi mente, sufriría un daño que puede brutalizarla y hundir a la raza humana en un grado inferior de degradación a cualquier otro en que haya caído desde que su historia se encuentra registrada en escritos. Tomemos el caso de las celdas de la abeja. Si su desarrollo hubiera producido la modificación sucesiva de la abeja y sus celdas (algo que ningún mortal puede probar) la causa final estaría en buena posición como la causa en virtud de la cual la dirección de las generaciones sucesivas ha actuado y mejorado gradualmente- Tales pasajes de su obra, al igual que a los que ya he aludido (y hay otros casi tan malos) sorprendieron enormemente mi gusto moral.

Para Sedgwick la Ciencia tenía un importante papel que cumplir. En su desempeño proporcionaba a la humanidad el vínculo necesario entre el mundo material y el moral. Sedgwick estaba de acuerdo con Hodge. Algo parecido había escrito también Pierre Trémaux. Una antigua tradición presentaba al científico como intérprete de la naturaleza, o dicho de otro modo, intermediario entre un creador, tal vez remoto pero no ausente y un público de formación religiosa que necesitaba su interpretación de la naturaleza. Hasta el siglo diecinueve el científico no podía ser ajeno a la Filosofía, a la Historia y a la Literatura. Así Sedgwick, Hodge, Trémaux eran científicos. Algunos de ellos eran religiosos, por supuesto, pero también científicos. A la antigua usanza, como eran los científicos antes de que la ciencia se deshumanizase. Todos sabían de qué iba la obra de Darwin mejor que lo sabemos hoy.

6. El endurecimiento de las nociones: el concepto de *Creación*

El capítulo sexto de OSMNS comienza de una manera espectacular. No podemos evitar citarlo:

> *Long before the reader has arrived at this part of my work, a crowd of difficulties will have occurred to him. Some of them are so serious that to this day I can hardly reflect on them without being in some degree staggered; but, to the best of my judgment, the greater number are only apparent, and those that are real are not, I think, fatal to the theory.*

Es decir:

> Mucho antes de que el lector haya llegado a esta parte de mi obra se le habrán ocurrido una multitud de dificultades. Algunas son tan graves, que aún hoy día apenas puedo reflexionar sobre ellas sin vacilar algo; pero, según mi leal saber y entender, la mayor parte son sólo aparentes, y las que son reales no son, creo yo, funestas para mi teoría.

Las ideas del autor son siempre abiertas. Su teoría amplia, dispuesta a la discusión, al diálogo y la corrección. Por el contrario, las ideas del enemigo son extremadamente reducidas y dogmáticas. Para que el lector crea en tal situación, el enemigo ha de estar siempre bien aislado, confinado en el error. A tal fin, el tratamiento efectuado sobre el concepto de *Creación* en OSMNS es un ejemplo extraordinario de cómo se deberá tratar a las nociones del "enemigo ". Para comprenderlo nos referiremos a Perelman y Olbrechts Tyteca, cuando dicen:

La manera de presentar las nociones fundamentales en una discusión depende, con frecuencia, de que dichas nociones estén vinculadas a las tesis defendidas o a las del adversario. Por lo general, una noción se caracteriza por su propia posición; el orador la presenta, no como algo confuso, sino manejable, rico, es decir, como algo que encierra grandes posibilidades de valoración y que, sobre todo, puede resistir los asaltos de nuevas experiencias. Por el contrario se establecerán, se presentarán como inmutables, las nociones relacionadas con las tesis del adversario. Procediendo de esta forma, el orador utiliza la inercia en beneficio suyo. La flexibilidad de la noción, postulada desde un principio y reivindicada como si fuera inherente a la noción, permite minimizar, al tiempo que los subraya, los cambios que impondría la nueva experiencia y que las objeciones reclamarían. La adaptabilidad de principio a las nuevas circunstancias permitiría sostener que se mantiene viva la misma noción.

Uno de los principales objetivos de OSMNS consiste en reducir el concepto de *Creación*, confinarlo obligándolo a permanecer dentro de los límites más rígidos, más estrictos. El análisis del proceso mediante el cual esto se lleva a cabo pone de manifiesto que no nos encontramos ante una obra científica sino que, por el contrario estamos ante una obra sectaria, dogmática. Veamos.

Ya sabíamos que Lamarck es autor maltratado en OSMNS. Hay otros, pero de todos ellos probablemente quien recibe una consideración peor, digamos un maltrato más refinado, el más genuinamente castigado en el Origen de las Especies, es Richard Owen (1804-1892). Owen fue encargado de las colecciones de Historia Natural en el Museo Británico y primer director del *Natural History Museum* de South Kensington. A diferencia de Lamarck, que ya había fallecido varias décadas antes de publicarse OSMNS, Richard Owen estaba activo como director de las

Colecciones de Historia Natural del *British Museum*, donde representaba a la ciencia tradicional, conservadora y opuesta a las nuevas tendencias *whig* representadas por Darwin y Huxley. Aunque inmediatamente podría pensarse que fue maltratado por Darwin por ser tradicional o conservador, esto sería inexacto. Otros científicos conservadores no recibieron el trato que recibió Owen. En OSMNS el ataque a Owen está dirigido a una frase suya en la que precisamente proponía una interpretación abierta del concepto de *Creación*. Justo lo contrario que interesaba a los fines de Darwin, de la obra y del Imperio. Un concepto amplio de *Creación* mantendría las puertas abiertas para la discusión filosófica e histórica que precisamente había que evitar para borrar del mapa las ideas en relación con la idea de diseño en la naturaleza. Después de leer lo que sigue, el lector deberá reflexionar si acaso la causa del castigo a Owen no le habrá venido más precisamente por su carácter de científico que por el de tradicional.

Citado en numerosas ocasiones a lo largo de la obra, son muy llamativas las frases que se dirigen a Richard Owen en el *Historical Sketch*. Añadido a partir de la tercera edición para enmendar la ausencia de algunas citas a lo largo del texto, los autores citados en este *Sketch* reciben una mínima dedicación que pocas veces supera las dos o tres líneas, en algunos casos tres o cuatro líneas compartidas entre varios autores. Además, no se discuten ni por asomo los contenidos de sus actividades científicas (Cervantes, 2011a). Sin embargo, a Richard Owen se le dedica un tratamiento especial: dos largos párrafos completos que merece la pena leer con atención. Da la sensación de que una de las principales finalidades de esta sección es hablar de este importante naturalista. Pero veamos para qué y en qué términos:

Professor Owen, in 1849 ("Nature of Limbs", page 86), wrote as follows: "The archetypal idea was manifested in the flesh under diverse such modifications, upon this planet, long prior to the existence of those animal species that actually exemplify it. To what natural laws or secondary causes the orderly succession and progression of such organic phenomena may have been committed, we, as yet, are ignorant." In his address to the British Association, in 1858, he speaks (page LI) of "the axiom of the continuous operation of creative power, or of the ordained becoming of living things." Further on (page XC), after referring to geographical distribution, he adds, " These phenomena shake our confidence in the conclusion that the Apteryx of New Zealand and the Red Grouse of England were distinct creations in and for those islands respectively. Always, also, it may be well to bear in mind that by the word 'creation' the zoologist means "a process he knows not what.""" He amplifies this idea by adding that when such cases as that of the Red Grouse are "enumerated by the zoologist as evidence of distinct creation of the bird in and for such islands, he chiefly expresses that he knows not how the Red Grouse came to be there, and there exclusively; signifying also, by this mode of expressing such ignorance, his belief that both the bird and the islands owed their origin to a great first Creative Cause." If we interpret these sentences given in the same address, one by the other, it appears that this eminent philosopher felt in 1858 his confidence shaken that the Apteryx and the Red Grouse first appeared in their respective homes "he knew not how," or by some process "he knew not what."

This address was delivered after the papers by Mr. Wallace and myself on the Origin of Species, presently to be referred to, had been read before the Linnean Society. When the first edition of this work was published, I was so completely deceived, as were many others, by such expressions as "the continuous operation of creative power," that I included Professor Owen with other palaeontologists as being firmly convinced of the immutability of species; but it appears ("Anat. of Vertebrates", vol. III, page 796) that this was on my part a preposterous error. In the last edition of this work I inferred, and the inference still seems to me perfectly just, from a passage beginning with the words "no doubt the type-form," etc. (Ibid., vol. I, page XXXV), that Professor Owen admitted that natural selection may have done something in the formation of a new species; but this it appears (Ibid., vol. III. page 798) is inaccurate and without evidence. I also gave some extracts from a correspondence between Professor Owen and the editor of the "London Review", from which it appeared manifest to the editor as well as *to myself, that Professor Owen claimed to have promulgated the theory of natural selection before I had done so; and I expressed my surprise and satisfaction at this announcement; but as far as it is possible to understand certain recently published passages (Ibid., vol. III page 798) I have either partially or wholly again fallen into error. It is consolatory to me that others find Professor Owen's controversial writings as difficult to understand and to reconcile with each other, as I do. As far as the mere enunciation of the principle of natural selection is concerned, it is quite immaterial whether or not Professor Owen preceded me, for both of us, as shown in this historical sketch, were long ago preceded by Dr. Wells and Mr. Matthews.*

El profesor Owen, en 1849 ("La Naturaleza de los Miembros", página 86), escribió así: "La idea arquetípica se manifestó en la carne bajo diversas modificaciones, sobre este planeta, mucho tiempo antes de la existencia de especies animales que en realidad la ejemplifican. A qué leyes naturales o causas secundarias pueda haber sido encomendada la sucesión ordenada y la progresión de tales fenómenos orgánicos, lo ignoramos aún" En su comunicación a la *British Association*, en 1858, habla (pagina LI) "del axioma de la acción continua del poder creador, o del ordenado cambiar de los seres vivos." Más adelante (página XC), después de la referencia a la distribución geográfica, añade: "Estos fenómenos hacen vacilar nuestra confianza en la conclusión que el Apteryx de Nueva Zelanda y el Urogallo Rojo de Inglaterra sean creaciones especiales en y para aquellas islas respectivamente. Además, deberá tenerse bien en cuenta que por la palabra "creación" el zoólogo quiere decir "un proceso que desconoce". "El profesor Owen amplia esta idea agregando que cuando tales casos como el del Urogallo Rojo son "enumerados por el zoólogo como pruebas de la creación expresa del pájaro en y para tales islas, quiere decirse que no se sabe cómo el Urogallo Rojo vino a estar allí, y allí exclusivamente; significando también, por este modo de expresar tal ignorancia, su creencia en que tanto el pájaro como las islas debieron su origen a una gran Causa Creadora primera." Si interpretamos estas sentencias dadas en la misma comunicación, una por la otra, parece que este eminente filósofo sintió vacilar en 1858, su confianza en que el Apteryx y el Urogallo Rojo aparecieran primero en sus respectivos lugares "sin saber cómo ", o por algún proceso "él no sabía cuál."

Esta comunicación fue entregada después de que las memorias de Mr Wallace y mía sobre el origen de las especies, de las que enseguida se hablará, fueran leídas en la *Linnean Society*. Cuando se publicó la primera edición de esta obra, estaba yo tan completamente equivocado como lo estaban otros muchos por expresiones tales como "la acción continua del poder creador", que incluí al profesor Owen, con otros paleontólogos, como firmemente convencido de la inmutabilidad de las especies; pero parece (*Anat of vertebrates*, vol. II pag 796) que esto fue por mi parte un error absurdo. En la última edición de esta obra deduzco —y la deducción aún me parece perfectamente justa-de un pasaje que comienza con las palabras "No hay ninguna duda de que la forma-tipo,..." etc (ibid., vol I pag XXXV), que el profesor Owen admitió que la selección natural pueda haber hecho algo en la formación de una especie nueva; pero esto parece (ibid., vol III pag 798) que es inseguro y sin pruebas. También di algunos extractos de una correspondencia entre el profesor Owen y el editor de la *London Review*, de los que resulta evidente, tanto para el editor como para mí, que el profesor reclama haber promulgado la teoría de la selección natural antes que yo lo hubiese hecho, y yo expresé mi sorpresa y mi satisfacción por esta advertencia; pero hasta donde es posible entender ciertos pasajes recientemente publicados (ibid., vol III pag 798), yo he caído, parcial o totalmente de nuevo en error. Es consolador para mí que otros encuentren los escritos polémicos del profesor Owen tan difíciles de entender y tan inconciliables entre sí como yo los encuentro. Por lo que se refiere a la simple enunciación del principio de la selección natural no tiene ninguna importancia que el profesor Owen me haya precedido o no, pues los dos, como se ha demostrado en este bosquejo histórico, fuimos precedidos hace mucho tiempo por el Dr Wells y Mr Matthew.

La lectura ha sido larga pero aporta, al menos, cuatro conclusiones. Las dos primeras en relación con la selección natural son inmediatas: 1) Si algo fuese la selección natural, y nosotros bien sabemos que no es nada, su descubridor no habría sido Darwin, sino Wells y Matthew. 2) Esto sale ahora a colación después de una disputa con Owen. Si no hubiese existido tal disputa, el lector habría permanecido sin conocer a Wells. Matthew es citado en el Sketch en otra ocasión, pero ninguno de ellos aparece a lo largo de los capítulos de *El Origen de las Especies*. Ignorante de todo esto, el lector que haya confiado en ediciones anteriores o que no haya leído el Sketch seguirá pensando que la selección natural es ocurrencia de Darwin. Un error fomentado por el propio Darwin en su propio beneficio.

Las conclusiones tercera y cuarta están más directamente en relación con Owen, quien ocupa una gran proporción del Sketch. Antes de analizarlas conviene recordar que la finalidad real del Sketch no es describir meticulosamente el trabajo de los naturalistas en él citados, sino clasificarlos en dos grupos (Cervantes, 2011a): En el primero, los que creen en las especies como entidades fijas: los dos reverendos (Hon. and Rev. W. Herbert; Rev. Baden Powell) y Aristóteles. En el segundo grupo el resto de los naturalistas considerados. En medio, entre ambos grupos, Richard Owen que tiene el importante papel de bisagra y que es empujado con insistencia hacia el grupo de los "reverendos" mediante esa operación de endurecimiento de las nociones que pronto abordaremos.

A partir del planteamiento del Sketch que nos ha mostrado a unos treinta naturalistas conformes con la transformación de las especies, deberemos mirar con escepticismo cada vez que leamos después, a lo largo del libro, que su opinión va en contra de la mayoría de los naturalistas. Deberemos recordar entonces que se trata de una mayoría indefinida a cuyo punto de vista se opone al menos el de docenas de consumados naturalistas. En otras palabras, una mayoría producida por una visión miope, interesada. Otro hermoso producto de la más esmerada selección de los datos.

No, *El Origen de las Especies* tampoco es una defensa original de la transformación de las especies. Había acertado de pleno Hodge en su interpretación: Ni la selección natural, que no existe, y además del propio Owen ya la habían acuñado el Dr Wells y Mr Matthew antes; ni proponer o describir la transformación de las especies, que ya lo habían hecho Lamarck y otros naturalistas antes, son los objetivos de esta obra. Como acertadamente indicaba Hodge, el objetivo de esta obra es acabar con la idea de diseño, para lo cual conviene ignorar que en la naturaleza existe un orden (orden implica diseño según enseña la historia de la metafísica desde Platón); y obrando así bien borramos, o al menos difuminamos, el orden que existe en la naturaleza restándole importancia al concepto de *especie*.

Pronto vamos a ir confirmando todo esto pero antes vayan por delante esas conclusiones tercera y cuarta. La tercera: lo mismo que ocurre con la selección natural, tampoco la transformación de las especies es idea de Darwin, puesto que de los treinta y siete autores considerados en el Sketch, treinta y cuatro la admiten, incluyendo a Owen. Solo hay tres que no la admitan. Y, forzando un poco las condiciones, entonces, cuatro. Eso si se admite incluir a Owen en el grupo.

Pero es precisamente Owen, la bisagra entre ambos grupos, quien nos sirve para ver que la colocación en uno u otro bando es arbitraria. Que creer o no creer en la transformación de las especies no sólo carece de valor alguno sino que es una disyuntiva extra-científica, extra-académica, una actitud dogmática o sectaria. Hemos leído en el primero de los dos párrafos anteriores lo siguiente:

> *Además, deberá tenerse bien en cuenta que por la palabra "creación" el zoólogo quiere decir "un proceso que desconoce."*

Esto, que es una frase de Richard Owen, es una sentencia fatal para el darwinismo, puesto que si se reconoce que esto es cierto, entonces resulta imposible separar entre los autores que creen en la transformación de las especies y los que no creen en ella. Si se admite esta importante afirmación de Owen, entonces la conclusión inmediata es que hay que dejarse de grupos, de sectas e investigar de un modo abierto, escuchando y respetando las diversas opiniones: ¿Cómo tiene lugar la transformación de las especies? Las respuestas a las grandes preguntas raramente son obvias o definitivas, y casi nunca breves. Nunca se podrá demostrar creación de una especie nueva a partir de la nada, ni existe naturalista alguno que haya defendido tal posición en la historia. Pero tampoco se ha demostrado la validez general de la formación de una especie a partir de otra por una serie contínua de cambios ni existen ejemplos suficientes al respecto. La función de OSMNS es contraria a la actitud científica y abierta de Owen, que reconoce su ignorancia y abre su mente ante una gran cuestión. El objetivo de OSMNS consiste en crear esta división (artificial) como veremos enseguida, para, a partir de entonces, desarrollar su función principal, es decir cerrar posibles vías mediante la prohibición de la idea de diseño.

Para terminar el capítulo, la prometida cuarta conclusión de nuestra lectura del Sketch: Darwin muestra gran interés en prohibir una acepción amplia de la idea de *Creación*. Obligando al término a permanecer restringido, definiendo la *Creación* como intervención particular de un Creador para la producción independiente de cada especie es como define los terrenos del adversario. Recíprocamente, quien critique su teoría desde cualquier punto de vista, quedará automáticamente adscrito al terreno del creacionismo. Una hábil maniobra de blindaje de una "teoría" que no existe mediante la técnica que en retórica se conoce como *Endurecimiento de las nociones*.

7. Valores y jerarquía: Las verdaderas dificultades y objeciones

7.1. Valores generales y especiales

Hasta finales del siglo XIX, el término "valores" no ha proliferado fuera del dominio económico y vinculado a ámbitos anglosajones (Ruiz Miguel, 1994). Ortega y Gasset reconoce que no hay más estudios sobre el valor que los puramente económicos, e incluso señala: "Una vislumbre... la tuvieron antes que nadie los ingleses. En las obras de Hutcheson, Saftesbury y aun de Adam Smith, se respira el ambiente que, más clarificado, constituye hoy la teoría de los valores". Con todo, después acaba acaparando ideas, bienes, virtudes, doctrinas y hasta fenómenos físicos (Ruiz Miguel, 1994, pp. 325-326; d'Ors, 2000; pp.383-386), partiendo de la sistematización operada por Max Scheler (ver por ejemplo Scheler, 2000). Así Álvaro D'Ors indica en la referencia citada:

> El Capitalismo, partiendo de que el dinero ha de rentar, no sólo ha erigido al dinero —un dinero ya abstracto, no corporal—en patrón y medida del valor de todas las cosas, sino en estímulo y fin de toda la actividad humana. De este modo, el hombre ha dejado de ser considerado por sus "virtudes", para serlo por la rentabilidad de sus "valores". Consecuentemente, la "filosofía de los valores" debe ser entendida como la propia del Capitalismo. Cuando hoy se habla tanto de "valores", no conviene olvidar la genealogía y la malicia de este concepto, incluso, para seguir la expresión de Carl Schmitt, su "tiranía".

El término "valores" se refiere a una valoración y como tal es personal y relativo, subjetivo. Como "valor" en sentido estricto sería sinónimo de fortaleza, su transposición a otros ámbitos parecería referirse a algo que quiere imponerse por la fuerza, no a algo objetivo. Basándose en los estudios de Carl Schmitt, señala al efecto Ruiz Miguel (1994, p.571):

> Quien dice valor quiere hacer valer e imponer. Las virtudes se ejercen, las normas se aplican, las órdenes se cumplen; pero los valores se establecen y se imponen. Quien afirma su validez tiene que hacerlos valer. Esta agresividad es la consecuencia lógica de la estructura ética y subjetiva del valor y se produce continuamente por la realización concreta del valor.

Ortega, siguiendo a Scheler, se esfuerza por intentar mostrar que los valores son objetivos o intentar separarlos de la llamada "ética de los valores" (subjetivista), pero C. Ruiz Miguel pone en evidencia de forma exhaustiva las contradicciones en que incurre. Así parece quedar constatada la relación entre su noción de *valores* y la ética subjetivista, pues los valores se basan en despojar las cosas de lo que les es propio, mediante la valoración subjetiva de cada uno. Es la misma razón que alega Nietzsche para rechazar el Cristianismo acusándolo de ser una ética de los valores y por tanto ética subjetiva, no objetiva.

Ambos, teoría positivista y teoría de los valores, incurren en el viejo error cartesiano de considerar únicamente el *ser* de aquellas cosas que son cuantificables, y dejan de lado las categorías de Aristóteles (Gambra y Pérez-Galicia, 2016). Éstas incluían toda la realidad y consideraban la objetividad no sólo de lo tangible, sino también por ejemplo de lo que guarde relación con lo tangible, como el reconocimiento de realidades que no se conocen de forma tangible, sino por sus consecuencias. Ver también a este respecto Ayuso (2009), Gambra (1998) y Negro (2006).

Por su parte, Perelman y Olbrechts-Tyteca consideran la subjetividad que subyace en hacer ese tipo de distinciones, tanto de escuelas positivistas, como de teoría de los valores. Así que pasan directamente a considerarlo todo *valores*, teniendo en cuenta que, si los positivistas sólo reconocen la realidad y el carácter científico de aquellas cosas que se pueden medir mediante convenciones de un lenguaje autorreferencial y pleno de convenciones, como es por ejemplo el de las matemáticas (Durand, 1982), tampoco hay que hacerles la concesión de otorgar a este ámbito mayor realidad que aquellas cosas que sólo se midan mediante otros géneros de lenguaje menos cuantitativo. Así, ambos ámbitos dependerían únicamente de los valores dados por el ser humano a cada terreno, unos generales y otros particulares, aunque la teoría de los valores considere una distinción entre *valer* y *ser*, y aunque los positivistas consideraran sólo real y de valor científico lo cuantificable. Los valores son reales, pero en realidad dependen del subjetivismo, de la valoración que les dé el usuario (Gambra, 1998).

Según Perelman y Olbrechts-Tyteca (1989, p. 132), los valores intervienen en todas las argumentaciones. Al igual que los cimientos en un edificio, los valores se relacionan con la base y determinan el resultado de un texto. Una inclinación política, social o moral, actuará sobre un texto como la geología del terreno sobre un edificio. En ambos casos los valores intervienen en la solidez de la construcción, y en el sentido más estricto del término, en su calidad.

Encontraremos dos tipos de valores en el discurso: generales y especiales. Los generales están en relación con la riqueza de contenidos y la corrección de su presentación y se encuentran situados a dos niveles diferentes. Entre los valores generales encontramos en un nivel (Nivel 1) la novedad (originalidad), la claridad y la coherencia. Como indicábamos arriba, estos tres valores son índices de la calidad del discurso científico. Debajo de ellos, en sus cimientos (Nivel 0), se encuentran otros valores generales fundamentales, la honradez (sinceridad) y el respeto. Será muy difícil exigir a un discurso coherencia o claridad si el autor carece del debido respeto a sus lectores, y a la inversa, no esperaremos encontrar un autor muy respetuoso detrás de una obra confusa o copiada. En la mayoría de las ocasiones los valores del Nivel 1 (originalidad, claridad, coherencia) serán indicio de sus fundamentos (honradez, respeto). Conoceremos acerca de la honradez y del respeto de un autor según sea su claridad y su coherencia.

No obstante, más allá de la claridad, la coherencia o la originalidad hay otras pistas, posibles indicios, de la falta de honradez. Uno de tales indicios, un clásico en la ciencia, es la copia, el incluir información ajena como si fuese original, sin citar las debidas fuentes y de esto ya hemos visto algo más arriba en relación con Lamarck y otros autores plagiados en OSMNS. También podemos encontrar casos en los que la información va acompañada por la debida cita, pero ligeramente retocada. Veíamos un ejemplo en la cita de Francis Bacon, una de las tres que presiden a modo de epígrafe *El Origen de las Especies* y que se encontraba vilmente mutilada (Cervantes y Pérez Galicia, 2015; ver también más adelante en la sección 7.7).

Los valores especiales o particulares son, por el contrario, propios de determinados entornos o grupos sociales, así como de distintas sociedades, grupos familiares y otros colectivos. Así, encontraremos desde los valores propios de determinadas ideologías hasta los valores del discurso científico, aunque estos, por su pretensión de ser universales, se podrán colocar según el criterio de cada analista entre los generales o los especiales.

En la valoración de un discurso, así como en toda discusión sobre los valores será muy difícil la objetividad, sobre todo teniendo en cuenta la raíz etimológica de la palabra "valores", las diferencias entre el singular y el plural de esta palabra y sus múltiples acepciones. Pretender ser objetivo hablando de valores parecerá a algunos, contradictorio, pero esto se aplica más a los valores particulares. En nuestro caso esperamos que el lector esté de acuerdo en la objetividad de los valores que hemos llamado generales. Sabemos que es difícil ser objetivo, pero no es imposible intentarlo. Además hay que tener en cuenta que el lenguaje es una parte ineludible y fundamental en la metodología de la ciencia, pues no sólo describe la naturaleza y la actividad del científico, sino que puede tener una función determinante en ésta (Gutiérrez Rodilla, 1998; 25-26).

7.2. Los valores generales del primer nivel: la originalidad frente a la repetición; la claridad; la coherencia frente a la contradicción

Entre los valores generales que cualquier tipo de discurso expone ante su auditorio vamos a analizar tres: originalidad, claridad y coherencia. Originalidad es sinónimo de novedad y es atributo fundamental en la ciencia pues el conocimiento no avanza a base de repetir lo que otros han dicho. Pero no menos importantes son la claridad y la coherencia.

La claridad consiste en utilizar palabras que tienen un significado bien definido, preciso. La precisión es la cualidad más importante del lenguaje científico y *la falta de precisión, que en otros ámbitos de la comunicación puede tomarse como una cortesía por medio de la cual se diluye la rotundidad de una opinión, resulta ser un hecho negativo en un texto científico, pues la imprecisión terminológica suele ir acompañada por el error conceptual* (Gutiérrez Rodilla, 1998). Además de la precisión, son importantes el orden, la brevedad y la eficacia correspondiente a la demostración de lo que se expone: "La claridad conceptual (*narratio aperta*), se logra mediante el orden, la brevedad (*narratio brevis*) y eficacia de las ideas" (Lausberg, 1966; p. 279). Sobre la necesidad, finalidad, características y propiedades de la claridad aconsejamos también consultar los textos de Mortara Garavelli (1988) y Pujante (1996, 2003).

La coherencia es imprescindible, como demuestra la Pragmática y consiste, por un lado, en que el significado de los términos sea, en la medida de lo posible, estable. Donde digo hoy que veo algo de color verde, es porque todo el mundo puede verlo verde y esto es ejemplo de claridad, pero además, si donde hoy veo verde, mañana sigue siendo verde y lo seguimos viendo así, tanto el resto de los observadores como yo, esto es coherencia. Por otra parte, la coherencia también implica ausencia de circularidad. Para ello es imperativa la existencia de un conjunto de reglas que enderezan la organización de relaciones entre las unidades internas de las frases y de los discursos. De otro modo, las definiciones se vuelven inútiles (Reboul y Moeschler, 1998; pp 58-59). Así, la conveniencia es imprescindible para la coherencia del discurso.

Por ello, algunos defectos que lesionan o pueden anular la coherencia de un texto son la tautología, la pretenciosidad, el pleonasmo o la búsqueda malsana de originalidad (Pujante, 1996).

Ningún discurso tiene fundamento alguno si no busca, en la medida de lo posible, la claridad y la coherencia, valores generales y fundamentales que no son propiedad de grupo político, social o religioso alguno, sino de todo aquel ser humano que busca entender la naturaleza y para ello admite que el respeto de sus semejantes es valor principal que se demuestra mediante el esmero en el uso del lenguaje.

Si la presencia de determinados valores se puede detectar en el análisis de una obra científica, del mismo modo podemos detectar su ausencia. Así desde sus primeros capítulos se detecta en el *Origen de las Especies* la ausencia de los tres valores mencionados. Comentaremos primero la ausencia de novedad; a continuación, daremos un ejemplo de falta de claridad. Al analizar la falta de coherencia entraremos en los terrenos delicados de la contradicción. El estudio de algunos ejemplos de contradicción nos permitirá responder a la pregunta ¿Qué finalidad tiene un discurso basado en la contradicción y construido sin claridad ni coherencia? Evidentemente la finalidad de un discurso construido en estas condiciones no puede ser científica ni filosófica, sino de manipulación social. Se trata de generar la confusión necesaria para el adoctrinamiento, pero antes de analizar esta posibilidad en detalle veamos los valores indicados.

7.3. Ausencia de originalidad en OSMNS

En la versión contemporánea del Diccionario de Neolengua que Orwell predijo en su novela *1984* y que hoy conocemos como Wikipedia, en la entrada correspondiente a Samuel Haughton (1821-1897), profesor del *Trinity College* de Dublín, leemos que, en sus comentarios a los trabajos presentados simultáneamente por Darwin y Wallace a la *Linnaean Society of London* en 1858, dijo:

> *This speculation of Mess. Darwin and Wallace would not be worthy of note were it not for the weight of authority of the names under whose auspices it has been brought forward. If it means what it says, it is a truism; if it means anything more, it is contrary to fact.*

> Esta especulación de los Sres. Darwin y Wallace no merecería comentario alguno si no fuera por el peso de la autoridad de los nombres bajo cuyos auspicios se ha presentado. Si significa lo que dice, es un truismo; si significa algo más, es contrario a los hechos.

Severa afirmación que encuentra apoyo en múltiples autores pasados y presentes y seguramente, futuros. Así, como veíamos en la sección 5.1 titulada *Autores ausentes y maltratados sirven para configurar un nuevo modelo*, Pierre Flourens también había indicado que, en el fondo, las ideas de Darwin eran las de Lamarck. En la misma sección veíamos que Darwin había copiado de Patrick Matthew, Edward Blyth y de Pierre Trémaux. Pero hay más.

Al comienzo de su artículo titulado *It's Not Darwin's or Wallace's Theory*, y publicado en Internet[2] por las razones que descubrirá quien lea esta sección hasta el final, Milton Wainwright nos explica:

> But did Darwin originate any of the ideas given in his famous book On the Origin of Species, first published in 1859? To answer this question I have produced a simulated paper using quotes taken from books and journals written before the end of 1857. In order to produce this simulated paper, I have arranged these quotes in a logical order and have provided reference to their origin. However, except for the occasional linking word (underlined) nothing has been added; the subheadings used were in use at the time the associated quote was written; the italicised words and punctuation were also used by the authors. In some cases the authors quote ideas to demonstrate their opposition to transmutation, nevertheless in so doing, they put such ideas into the public domain, from where they could be accessed by Darwin, or any other naturalist of the day. I have also capitalised "Man" throughout. The simulated paper shows that a) had the Origin of Species not been written, a theory of evolution by natural selection (approximating to that provided by Darwin and Wallace), could have been produced by any naturalist using the literature already published up to 1857, and b) that neither Darwin, nor Alfred Russel Wallace, originated the ideas published in the Origin.

Pero… ¿Son originales de Darwin las ideas presentadas en su famoso libro Sobre el *Origen de las Especies*, publicado en 1859? Para contestar a esta pregunta he elaborado un artículo simulado usando citas tomadas de libros y revistas escritos antes del final de 1857. Para producir este artículo simulado, he ordenado estas citas en un orden lógico y he proporcionado la referencia a su origen. Sin embargo, excepto la ocasional conjunción (subrayada) nada se ha añadido; los subtítulos usados estaban en uso en el tiempo en que la cita asociada fue escrita; las palabras en bastardilla y la puntuación

---

2   http://wainwrightscience.blogspot.com.es/2008_07_01_archive.html. Publicado con fecha jueves, 24 de Julio de 2008. Última consulta realizada el lunes, 23 de octubre de 2017.

también fueron las usadas por los autores. En algunos casos los autores citan ideas para demostrar su oposición a la transmutación, pero al hacer esto, ponen tales ideas en el dominio público, de donde podrían haber sido tomadas por Darwin, o cualquier otro naturalista de la época. También he escrito con mayúsculas "Hombre" en todas partes. El artículo simulado muestra que: a) De no haber sido escrito *El Origen de Especies*, una teoría de evolución por selección natural (aproximándonos a la aportada por Darwin y Wallace), podría haber sido producida por cualquier naturalista usando la literatura ya publicada hasta 1857, y b) Que, ni Darwin, ni Alfred Russel Wallace, originaron las ideas publicadas en el Origen.

Cerraremos este capítulo con esta última frase lapidaria, pero antes debemos dar satisfacción a quienes desean saber por qué Milton Wainwright publicó su artículo en Internet y no en revista académica alguna al uso. El propio autor nos lo cuenta en la introducción al artículo, tomada asimismo de Internet:

This essay is devoted to history of the development of the theory of evolution, via the process of natural selection. It is provided in response to what I believe is censorship by a small, but highly influential, part of the current academic community. This belief has been strengthened by my recent, unsuccessful attempts to get published my work on Darwin. Over the last six months or so a paper on the admission by Darwin and Wallace that they were beaten to natural selection role has been forwarded, in the normal way, to four academic journals and a shorter version has also been sent to a UK magazine devoted to the popularisation of biology. In all cases, the paper was summarily rejected without reviewer's comments; no reasons were given for it having been denied any serious consideration. This experience has led me to conclude that any academic article proving that Darwin did not originate the theory of evolution, via natural selection, will be censored by the scientific community. This situation reminds me of the story (perhaps apocryphal) about the Russian scientist who stated that in the Soviet Union, he could criticise Darwin, but not the Government, while in the West, he was able to criticise the Government, but not Darwin.

Este ensayo se dedica a la historia del desarrollo de la teoría de evolución, vía el proceso de selección natural. Se aporta en respuesta a lo que creo que es la censura por un pequeño, pero sumamente influyente, grupo de la comunidad académica al uso. Esta creencia ha sido reforzada por mis tentativas recientes, fracasadas, de publicar mi trabajo sobre Darwin. Durante los seis meses pasados aproximadamente un artículo sobre la admisión por Darwin y Wallace de que ellos fueron superados por otros autores en el papel de selección natural ha sido enviado, del modo normal, a cuatro revistas académicas y también he enviado una versión más corta a una revista británica de divulgación en biología. En todos los casos, el artículo fue rechazado sumariamente sin los comentarios del revisor; y tampoco se dieron motivos para ello habiéndose negado cualquier consideración seria. Esta experiencia me ha conducido a concluir que cualquier artículo académico que demuestre que Darwin no originó la teoría de evolución por selección natural, será censurado por la comunidad científica. Esta situación me recuerda a la historia (quizás apócrifa) sobre el científico ruso que declaró que en la Unión Soviética, él podría criticar a Darwin, pero no el Gobierno, mientras en Occidente, él puede criticar el Gobierno, pero no a Darwin.

Y ahora ya, una vez satisfecha la curiosidad de todos, terminaremos la sección con la frase lapidaria que cerraba al párrafo de Wainwright arriba citado:

b) Que, ni Darwin, ni Alfred Russel Wallace, originaron las ideas publicadas en el Origen.

7.4. Un ejemplo de falta de claridad: el concepto de *Especie*

Pierre Flourens (1794-1867), fundador de la neurobiología y secretario perpetuo de la Academia de Ciencias francesa, en su libro titulado *Examen du libre de M. Darwin sur l'Origine des Espèces* indica que Darwin no se había molestado en definir lo que es una especie, un concepto fundamental para quien va a escribir un libro titulado *El Origen de las Especies* (Cervantes, 2013). Efectivamente, no sólo no se tomó la molestia de definir lo que es una especie sino que expresó opiniones contradictorias acerca de lo que es una especie.

Veamos por ejemplo estos dos párrafos en el capítulo 2, dentro de la sección titulada *Especies dudosas*, que ocupa buena parte del capítulo:

> *Certainly no clear line of demarcation has as yet been drawn between species and sub-species—that is, the forms which in the opinion of some naturalists come very near to, but do not quite arrive at, the rank of species; or, again, between sub-species and well-marked varieties, or between lesser varieties and individual differences. These differences blend into each other by an insensible series; and a series impresses the mind with the idea of an actual passage.*

> Indudablemente, no se ha trazado todavía una línea clara de demarcación entre especies y subespecies -o sea, las formas que, en opinión de algunos naturalistas, se acercan mucho, aunque no llegan completamente, a la categoría de especies-, ni tampoco entre subespecies y variedades bien caracterizadas, o entre variedades menores y diferencias individuales. Estas diferencias pasan de unas a otras, formando una serie continua, y una serie imprime en la mente la idea de un tránsito real.

Y casi a continuación:

It need not be supposed that all varieties or incipient species attain the rank of species. They may become extinct, or they may endure as varieties for very long periods, as has been shown to be the case by Mr. Wollaston with the varieties of certain fossil land-shells in Madeira, and with plants by Gaston de Saporta. If a variety were to flourish so as to exceed in numbers the parent species, it would then rank as the species, and the species as the variety; or it might come to supplant and exterminate the parent species; or both might co-exist, and both rank as independent species. But we shall hereafter return to this subject.

No es necesario suponer que todas las variedades o especies incipientes alcancen la categoría de especies. Pueden extinguirse o pueden continuar como variedades durante larguísimos períodos, como míster Wollaston ha demostrado que ocurre en las variedades de ciertos moluscos terrestres fósiles de la isla de Madeira, y Gaston de Saporta en los vegetales. Si una variedad llegase a florecer de tal modo que excediese en número a la especie madre, aquélla se clasificaría como especie y la especie como variedad; y podría llegar a suplantar y exterminar la especie madre, o ambas podrían coexistir y ambas se clasificarían como especies independientes. Pero más adelante insistiremos sobre este asunto.

Pero... ¿cómo puede destacarse de tal modo la categoría de especies como hace en el segundo de los párrafos indicados, si en el primero indica que no hay diferencia entre especie, subespecie y variedad? ¿Cuándo se ha visto (como indica en el segundo párrafo) *que una variedad llegase a florecer de tal modo que excediese en número a la especie madre, aquélla se clasificaría como especie y la especie como variedad; y podría llegar a suplantar y exterminar la especie madre, o ambas podrían coexistir y ambas se clasificarían como especies independientes?* ¿Acaso no es esto una barbaridad, un solemne disparate?

Así, mientras que en el primer párrafo indica que no hay diferencia entre especie y variedad, en el segundo da a entender que se trata de categorías diferentes. Lo primero es transgresor, lo segundo está dentro de la Historia Natural. El autor está jugando constantemente a saltar de uno al otro lado de la raya. Por una parte, fiel a Linneo, considera la especie una categoría digna de consideración y así leemos en el capítulo 1:

> *In regard to sheep and goats I can form no decided opinion. From facts communicated to me by Mr. Blyth, on the habits, voice, constitution and structure of the humped Indian cattle, it is almost certain that they are descended from a different aboriginal stock from our European cattle; and some competent judges believe that these latter have had two or three wild progenitors, whether or not these deserve to be called species.*

> Por lo que se refiere a las ovejas y cabras no puedo formar opinión decidida. Por los datos que me ha comunicado mister Blyth sobre las costumbres, voz, constitución y estructura del ganado vacuno indio de joroba, es casi cierto que descendió de una rama primitiva diferente que nuestro ganado vacuno europeo, y algunas autoridades competentes creen que este último ha tenido dos o tres progenitores salvajes, merezcan o no el nombre de especies.

Pero por otra parte, y sólo unos párrafos antes, es transgresor:

> *If any well marked distinction existed between a domestic race and a species, this source of doubt would not so perpetually recur.*

> Si existiese alguna diferencia bien marcada entre una raza doméstica y una especie, esta causa de duda no se presentaría tan continuamente.

Quizás esto se hubiera evitado si el autor hubiese partido de una buena definición de *especie*. Nada más lejos de la realidad. Todo el capítulo 2 se dedica precisamente a enturbiar el concepto de *especie*, a buscar ejemplos de variedades que parecen especies y de especies que parecen variedades. Pero lo que más sorprende al principio de éste capítulo es:

> *Nor shall I here discuss the various definitions which have been given of the term species. No one definition has satisfied all naturalists; yet every naturalist knows vaguely what he means when he speaks of a species. Generally the term includes the unknown element of a distinct act of creation.*

> Tampoco discutiré aquí las varias definiciones que se han dado de la palabra especie. Ninguna definición ha satisfecho a todos los naturalistas; sin embargo, todo naturalista sabe vagamente lo que él quiere decir cuando habla de una especie. Generalmente, esta palabra encierra el elemento desconocido de un acto distinto de creación.

Es decir, que el autor se permite hablar de elemento desconocido de un acto distinto de *creación*, lo cual sólo es posible si aceptamos, como decía Richard Owen, un sentido amplio para la palabra "creación". Es decir, que por la palabra "creación" el zoólogo expresa "un proceso que desconoce". Pero se da la circunstancia de que en el *Historical Sketch* el autor atribuye a Owen el carácter de confuso, precisamente por utilizar esta expresión que el mismo viene a presentar ahora, con lo cual no nos queda otro remedio que concluir que quien es confuso no es Owen que, al fin y al cabo, se ha limitado a reconocer su ignorancia de una manera honesta y profesional, sino nuestro autor, Darwin, quien está sembrando una tormenta de confusión para presentarse a sí mismo por encima de toda crítica, como autoridad indiscutible. Aparentando dominar un difícil panorama en el que las contradicciones no han hecho más que empezar.

7.5.   Contradicción: ejemplos y fines

Al ver en secciones anteriores la falta de claridad y los casos de incoherencia, que deviene ejemplar en el uso del concepto de *especie*, hemos entrado ya en los terrenos de la contradicción. El concepto de *especie* queda indefinido y se emplea en sentido ambiguo. En consecuencia la obra entra en contradicción constantemente: ¿serán las diferencias entre las especies lo mismo que las diferencias entre variedades? O, por el contrario, ¿será la especie una categoría diferente a la variedad? Si nuestro conocimiento ha de guiarse por lo escrito en esta obra, entonces no lo sabremos nunca. La diferencia no es baladí, puesto que, si las especies son como las variedades, entonces para entender el origen de aquellas, será suficiente con conocer el origen de éstas y la granja es un buen modelo. Pero no conviene tomar partido tan tajantemente en contra de Linneo.

El problema en OSMNS es que no se toma una decisión: ni se define adecuadamente la especie como categoría importante y claramente superior a la variedad, de acuerdo con Linneo y con toda la Historia Natural; ni tampoco termina el autor por decantarse a favor de la igualdad de especies y variedades, lo cual sería transgresor y claramente erróneo. La solución intermedia nos deja sumidos en la contradicción y, en consecuencia, a expensas de la voluntad ajena (de la del autor, eventualmente; la de la autoridad, sea cual sea, para el porvenir de la ciencia sometida a la influencia de obra tan relevante). No sólo no sabremos, sino que deberemos no saber y no poner en duda a la autoridad. No está permitido cuestionar y tampoco será conveniente preguntar. La neolengua, descrita por Orwell en su novela *1984* se basa en la proliferación de contradicciones y sirve para mantener en pie la autoridad del Partido, cuya autoridad representante, en caso de duda, siempre tiene razón.

Igualar ambas categorías, variedad y especie, significa romper con toda la Historia Natural y es un paso tan arriesgado y grotesco que el autor no termina de darlo en ningún momento, pero en múltiples ocasiones lo sugiere y se aproxima peligrosamente al abismo de tan disparatada idea. Aquí las especies son igual que variedades, allá las variedades son especies incipientes, y de repente, da un giro, y en un momento nos habla de la importancia del concepto de *especie*. Un baile espectacular tiene lugar en el capítulo segundo donde leemos:

> *A well-marked variety may therefore be called an incipient species; but whether this belief is justifiable must be judged by the weight of the various facts and considerations to be given throughout this work.*

> Una variedad bien caracterizada puede, por consiguiente, denominarse especie incipiente, y si esta suposición está o no justificada, debe ser juzgado por el peso de los diferentes hechos y consideraciones que se expondrán en toda esta obra.

Y poco después:

It need not be supposed that all varieties or incipient species attain the rank of species.

No es necesario suponer que todas las variedades o especies incipientes alcancen la categoría de especies.

¿En qué quedamos, Mr Darwin?, ¿llamaremos o no llamaremos especie incipiente a una variedad bien caracterizada? Si lo hacemos, estaremos en oposición a toda la Historia Natural que normalmente propone el criterio de aislamiento reproductivo para definir la especie; pero si no lo hacemos, entonces no aportaremos nada nuevo. Ante la necesidad de tomar decisión tan complicada, el autor permanece en las tibias y turbulentas aguas de la contradicción: *Newspeak*. Neolengua. Ya saben: La finalidad de la Neolengua es reducir el pensamiento.

De modo semejante se comporta nuestro autor con respecto a la idea de *transformación de las especies*. Si bien ha introducido a partir de la tercera edición el *Historical Sketch* para reconocer la obra de muchos autores que estaban insuficientemente citados a lo largo de OSMNS, también el *Sketch* sirve para mostrar que muchos naturalistas, antes que él, estaban de acuerdo con la transformación de las especies. Pero entonces el propio *Sketch* resulta ser también autofágico porque entra en contradicción con la obra ya que demuestra que no tiene sentido repetir constantemente a lo largo de la obra que su opinión es contraria a la de la mayoría de los naturalistas. El *Historical Sketch* presenta claramente que esto no es cierto y sirve para la inesperada finalidad de subrayar la contradicción que preside la obra.

¿Cómo es posible que ante tan general confusión se pueda decir en el Sketch: *Es consolador para mí que otros encuentren los escritos polémicos del profesor Owen tan difíciles de entender y tan inconciliables entre sí como yo los encuentro?* ¿Cómo se puede decir eso de uno de sus contemporáneos más relevantes en Zoología y fundador de la Paleontología?, ¿Cómo no indicar puntualmente en qué aspecto es Owen difícil de entender e irreconciliable consigo mismo, si no es con la finalidad de crear confusión?

Nada hay de irreconciliable en reconocer que uno no entiende muy bien un concepto (el de *Creación*, en el caso de Owen; el de *especie*, en el caso de Darwin). Basta con reconocerlo (como hace Owen). Pero quien constantemente nos somete a contradicciones es el autor de OSMNS; no Owen.

Las especies son entidades taxonómicas por encima de las variedades como han reconocido los naturalistas a lo largo de la Historia. Esforzarse en difuminar las diferencias entre ambas categorías es contrario al sentido común y a la Ciencia. Reconocer a la especie como entidad superior a la variedad lleva de manera obligatoria a un siguiente paso lógico que es reconocer que del origen de las variedades no puede deducirse en absoluto el conocimiento sobre el origen de las especies. Son categorías diferentes. Como indicaba una crítica anónima en el *Edinburgh Review* atribuida a… Sí, a Owen, Richard Owen:

> El origen de las especies es la pregunta de las preguntas en Zoología, el problema supremo que los más sobresalientes de nuestros originales naturalistas, los pensadores más claros de la zoología, y los generalistas de mayor éxito, nunca han

perdido de vista, mientras que se han acercado con la debida reverencia. Tenemos derecho a esperar que la mente que se proponga tratarlo y suponga haber resuelto el problema, deberá mostrar su nivel con semejante tarea. Los signos del poder intelectual que buscamos se encuentran en la claridad de expresión y en la ausencia de todo término ambiguo o sin sentido.

Finalmente un ejemplo de contradicción que no se puede pasar por alto está en el núcleo de la obra: El concepto de *selección natural* que ya en la introducción es definido como dos cosas distintas: 1) causa de gran extinción de las formas menos perfeccionadas de la vida, y 2) causa de la divergencia de caracteres. La contradicción no está mal para empezar, puesto que, algo que es causa de extinción, no puede serlo a la vez de divergencia de caracteres (Cervantes y Pérez Gaicia, 2015). Pero es que la contradicción crece con otras definiciones que van apareciendo en capítulos sucesivos para tan importante concepto: proceso general, poder, potencia, fuerza, preservación de caracteres, expresión de la bondad, agente y modificador, supervivencia del más apto... Demostrando que hay algo que falla en la base: La selección natural no puede ser tantas cosas distintas so pena de quedar claramente convertida en nada (Cervantes, 2012b, 2012c).

7.6.   La contradicción como valor

Ya hemos visto que la originalidad o la sinceridad no son valores reconocibles en las páginas de OSMNS. Tampoco la claridad. Las contradicciones son tan numerosas que hemos de interpretar que el autor o los autores buscan algún otro fin que aquella claridad de expresión que reclamaba el comentario al final de la sección anterior. El protagonista de la obra *El Castillo*, de Kafka, recibe una carta llena de contradicciones. Era, aparentemente extraño, pero todo queda explicado desde el momento en que se indica al lector:

> *Eran sin duda contradicciones tan evidentes que tenían que ser intencionadas.*

Curiosamente, Kafka ayuda así a entender el significado real de la selección natural (Cervantes, 2012c). Uno de los fundamentos originarios de la retórica es la existencia de dos opciones contrarias y la capacidad del lenguaje para presentar argumentos en favor de una de ellas. Quien domina la contradicción, domina el arte. Tradicionalmente la estrategia consiste en arrinconar al adversario hasta hacerlo caer en contradicción (erística). Así, Mortara Garavelli (2000) nos recuerda como Protágoras desarrolló la doctrina de la antítesis como idea-fuerza de una argumentación y se refiere a la técnica de la contradicción o antilogía como la aportación más escandalosamente innovadora de la retórica sofística (*Manual de Retórica*, p 20). Pero al dominio de la contradicción se llega también mediante el desprecio de la contradicción, utilizándola hasta la saciedad para crear en el interlocutor la convicción de que quien habla, quien escribe, es maestro en el arte de las contradicciones, quien dispone de la potestad para presentar argumentos contradictorios porque detrás de todo ello hay un fin mejor o superior. La autoridad necesita controlar el lenguaje y esto lo hace mediante la contradicción. Como viene a decir Platón en el *Gorgias*, no es necesario prestar demasiada atención a los contenidos, basta con que la técnica de la persuasión sea suficiente para que el lego crea saber más que el entendido. La autoridad busca generar en el auditorio esa sensación de pertenecer a un grupo de

103

elegidos: los que admiten lo dicho o lo escrito sin discusión. Recordemos de nuevo a Mortara Garavelli cuando nos dice: *Un razonamiento persuasivo es más creíble cuantas más contradicciones supera* (p. 32).

Si entendemos que la hipnosis se basa en mantener en vilo la voluntad del paciente y que, entre las técnicas a tal fin, las contradicciones y los juegos de palabras tienen un papel importante; si entendemos que la admisión de un dogma irracional entra mejor en una mente confusa, entonces estaremos a las puertas de entender la finalidad de OSMNS.

De las tres finalidades de la retórica ciceroniana: *Docere, movere, delectare*, la segunda es la perseguida por nuestro autor. No es enseñar. Tampoco es entretener al lector. Motivarlo, emocionarlo, alterar su capacidad de comprensión en sus capas más profundas para hacerlo obediente a un dogma. Ésa es la finalidad cumplida con creces por OSMNS a lo largo de la historia. La autoridad se basa en el lenguaje y la Neolengua, el lenguaje predicho por Orwell en su novela *1984*, que es imposición de la autoridad, es rico en contradicción por eso, precisamente para someter al hablante. El libro pretende someter al lector, o mejor dicho al público porque lector o no lector, da igual. El principal objetivo de OSMNS, compartido con la Neolengua de Orwell es el de prohibir la realidad, acabar con la idea de diseño. Para ejercer esta función épica que consiste en remover y alterar los sentimientos de la audiencia. En definitiva, una labor de manipulación social, para la cual el autor debe estar, o al menos considerarse a sí mismo en una posición de ventaja, de privilegio: *Auctoritas*. Esto lo demuestra en una pequeña, pero importante operación de amputación de una cita de Francis Bacon a la que nos referiremos más adelante.

7.7. Valores generales fundamentales: La honradez

En el primer capítulo veíamos que, al elegir la granja como modelo para el estudio de la naturaleza, OSMNS falta al Método Científico. Pero la cuestión es algo más delicada. La naturaleza no es un objeto más para la observación y el análisis. El ser humano es parte de la naturaleza y su aproximación a ella debe basarse en que hay grandes misterios que permanecerán desconocidos. El estudio de la naturaleza debe abordarse con el debido respeto. En OSMNS hay, en definitiva, una falta de respeto.

En el segundo capítulo veíamos una interpretación parcial, sesgada de la naturaleza, olvidando toda la Historia Natural. De nuevo se comete una falta de respeto con el trabajo de Linneo y de muchos naturalistas que dedicaron su vida a la taxonomía, a la descripción y definición de categorías taxonómicas y a la clasificación.

En el tercer capítulo titulado *Los lugares o tópicos (tópoi) y la exaltación de la lucha*, habíamos visto como mediante la exaltación de los tópicos de la lucha y la competición, OSMNS mostraba la vida en general tal y como era la vida del pobre trabajador en la Inglaterra victoriana. La visión gris del pastor protestante Malthus invadiendo la naturaleza.

El cuarto capítulo mostraba la cadena de figuras retóricas que son la parte visible de sendos errores conceptuales.

En el quinto capítulo vimos el trato desconsiderado que OSMNS tiene para algunos autores.

En el sexto capítulo hemos visto el endurecimiento de la noción de *Creación*, necesario para apartar del escenario a todo aquel que ose utilizarlo en el terreno científico, con la excepción hecha del autor de OSMNS.

En secciones anteriores de este capítulo séptimo hemos discutido acerca de algunos valores, o mejor dicho, de su ausencia, en OSMNS. Hemos encontrado faltas de originalidad, de claridad y de coherencia y una peligrosa despreocupación por la abundancia en contradicciones que sospechamos intencionada.

A continuación contestamos a otra cuestión no menos importante: ¿Cuándo comete el autor de El Origen de las Especies por primera vez una falta de respeto por sus semejantes?

La respuesta es inmediata: cuando al elegir la tercera cita del epígrafe, que procede del *Advancement of Learning*, de Francis Bacon y que dice:

> *To conclude, therefore, let no man upon a weak conceit of sobriety or an ill-applied moderation think or maintain that a man can search too far, or be too well studied in the book of God's word, or the book of God's works, divinity or philosophy; but rather let men endeavor an endless progress or proficiency in both; only let men beware that they apply both to charity, and not to swelling; to use, and not to ostentation; and again, that they do not unwisely mingle or confound these learnings together."*

Para concluir, por lo tanto, no dejemos que ningún hombre débil de moderación o con una moderación mal aplicada piense o mantenga que un hombre puede buscar demasiado lejos, o ser demasiado bien estudiado en el libro de la palabra de Dios, o en el libro de las obras de Dios, la divinidad o la filosofía; sino que más bien deje a los hombres procurar un progreso infinito o capacidad en ambos; más tengan cuidado de aplicar ambos a la caridad, y no a su riqueza; al servicio, y no a la ostentación; y otra vez, que ellos imprudentemente no mezclen o confundan estos estudios juntos.

La presenta sometida a mutilación de su importante parte final, precisamente en la que se destaca la caridad, el respeto y que dice:

> *…only let men beware that they apply both to charity, and not to swelling; to use, and not to ostentation; and again, that they do not unwisely mingle or confound these learnings together.*

> …mas tengan cuidado de aplicar ambos a la caridad, y no a su riqueza; al servicio, y no a la ostentación; y otra vez, que ellos imprudentemente no mezclen o confundan estos estudios juntos.

Los valores quedan pronto definidos. Antes de comenzar el texto tenemos aquí una oportunidad de apreciar que los valores brillan por su ausencia. En la tercera frase del epígrafe vemos caer el respeto; un poco más adelante, al tomar la granja como modelo de la naturaleza, cae la libertad. Sirve como guía una razón sesgada. Sin respeto hacia los semejantes y sin libertad ya desde las primeras páginas de El Origen de las Especies vemos que no queda en esta obra lugar posible para la justicia. No en vano Richard Owen había indicado que esta es la obra menos filosófica que se había escrito.

Ya habíamos mencionado antes dos fragmentos de la carta de Sedgwick. Recordemos uno de ellos:

> Así como hay una parte física, también hay una parte moral o metafísica en la naturaleza. Quien niega esto se encuentra profundamente sumido en el fango de la locura. Esto es la corona y la gloria de la ciencia orgánica que a través de la causa final, une lo material con lo moral; y aun así no permite mezclarlos en nuestro primer concepto de leyes, ni en nuestra clasificación de tales leyes ni considerando un lado de la naturaleza ni el otro - Usted no ha hecho caso de este vínculo; y, si no confundo su significado, usted ha hecho todo lo

posible para romperlo en uno o dos casos en curso. Si fuera posible (que gracias a Dios no lo es) romperlo, la humanidad, en mi mente, sufriría un daño que puede brutalizarla y hundir a la raza humana en un grado inferior de degradación a cualquier otro en que haya caído desde que su historia se encuentra registrada en escritos. Tomemos el caso de las celdas de la abeja. Si su desarrollo hubiera producido la modificación sucesiva de la abeja y sus celdas (algo que ningún mortal puede probar) la causa final estaría en buena posición como la causa en virtud del cual la dirección de las generaciones sucesivas ha actuado y mejorado gradualmente-Tales pasajes de su obra, al igual que a los que ya he aludido (y hay otros casi tan malos) sorprendieron enormemente mi gusto moral.

Y recordemos también su conclusión principal:

You have deserted—after a start in that tram-road of all solid physical truth—the true method of induction—& started up a machinery as wild I think as Bishop Wilkin's locomotive that was to sail with us to the Moon.

Ha abandonado usted-después de un comienzo en la ruta de toda la sólida verdad física-el verdadero método de inducción y ha puesto en marcha una maquinaria creo que tan salvaje como la locomotora del Obispo Wilkins que nos iba a llevar a la Luna.

7.8. Una nota sobre la jerarquía

Nos encontramos ante una obra revolucionaria y esto significa que su mensaje principal es un cambio en los "valores", en la jerarquía. A los valores nos referíamos en apartados anteriores de esta misma sección y también, basándonos en palabras de Adrian Desmond, biógrafo de Darwin y de Huxley, sugeríamos en el capítulo 5.2 que OSMNS es una herramienta en el debate entre las viejas tradiciones representadas por la Iglesia y las nuevas corrientes científicas. Recordemos las palabras de este autor, tomadas de su biografía de Huxley:

The darwinian boat was now bumping along on the ferocious waves already pounding the ortodox church

El barco darwinista avanzaba dando sacudidas en la holas feroces que acosaban a la iglesia ortodoxa

Desde esta perspectiva no resulta sorprendente encontrar el gran esfuerzo realizado para el endurecimiento del concepto expresado en la palabra "creación" como hemos visto en el capítulo 6. Entre las funciones del *Historical Sketch* habíamos encontrado la de clasificar en dos grupos a los naturalistas: Aquellos que creían y los que no creían en la transformación de las especies. Pero cuando Richard Owen había expresado su ignorancia acerca del concepto de *Creación* indicando que la transformación podía ser compatible con la creación, esta opción fue violentamente rechazada. No se trataba sólo de distinguir entre los que creen y los que no creen en la transformación, sino de rechazar a todos aquellos que admiten el uso de la palabra "creación" con cualquier sentido por amplio que este sea. La obra es un verdadero catecismo ateo, expresión pública y académica de que no hay otra religión que la Ciencia, otra realidad más allá de la que uno ve. Su objetivo por lo tanto es trastornar la jerarquía de los valores establecida desde Aristóteles y sobre todo la visión de la Naturaleza como obra de un Creador, o lo que es lo mismo, resultado de un Diseño.

Muchos científicos, antiguos y modernos, han expresado sus creencias religiosas y no faltan quienes consideran que la Ciencia debe estar de la mano de la Religión, o incluso que debe supeditarse a ella. En nuestra crítica de OSMNS hemos intentado mantenernos a distancia de cualquier argumento basado en la religión. No obstante encontramos un resultado muy interesante que debemos exponer a continuación.

A priori, a muchas personas educadas según las normas al uso en nuestra sociedad, y sobre todo en las generaciones más recientes, les resulta fácil concebir un mundo sin religión. Amplios sectores de la opinión pública consideran que la religión no es necesaria y que uno puede tener una visión del mundo cosmopolita y basada en la ciencia. Los "valores" morales, el respeto por los demás y por el entorno, la honradez, la sinceridad, no tienen, según propuestas educativas al uso, por qué verse influídos por la religión. Pero nuestro análisis de OSMNS no apoya esta hipótesis. El rechazo de la idea de diseño, el rechazo de toda posibilidad de una creación, aun tomando este concepto en el sentido más amplio va en OSMNS acompañado de la falta de respeto, la falta de honradez y la confusión. Podría, en teoría, darse el caso contrario, pero no se ha dado. El ataque a la visión antigua de la Naturaleza como expresión de la obra del Creador, y el ataque a la religión, unidos en OSMNS a la prohibición del diseño, tienen un componente asociado de un valor inesperado: constituyen un ataque a la Ciencia. Las posturas dogmáticas, la prohibición de la duda, la propia oscuridad en el tratamiento de las nociones en la abundancia de la contradicción son un atentado contra la Ciencia. No en vano Richard Thompson (1887-1972) en su prólogo a OSMNS escribió:

This situation, where scientific men rally to the defence of a doctrine they are unable to define scientifically, much less demonstrate with scientific rigour, attempting to maintain its credit with the public by the suppression of criticism and the elimination of difficulties, is abnormal and undesirable in science.

La situación, en la que científicos se unen para defender una doctrina que son incapaces de defender científicamente, y mucho menos demostrarla con rigor científico, intentando mantener su crédito con el público mediante la supresión del criticismo y la eliminación de las dificultades, es anormal e indeseable en ciencia.

Y en el mismo prólogo se puede leer: *The success of Darwinism was accomplished by a decline in scientific integrity* (El éxito del darwinismo se realizó mediante el declive en la integridad científica).

Pronto veremos si tiene o no tiene razón Thompson; en particular en ese aspecto que destaca en relación con la eliminación de las dificultades.

...Pero sin duda el acontecimiento capital de entonces fue la publicación por Darwin de El Origen de las Especies, *un libro que resumía treinta años de pacientes investigaciones biológicas y que estaba llamado a cambiar la concepción intelectual del mundo al desplazar las doctrinas mítico-religiosas y ocupar con una teoría científica el hueco dejado por ellas.*

No es fácil imaginar hoy en día una polémica que se trasladó hacia los principios morales y religiosos en que reposaba la sociedad en lugar de centrarse sobre los hechos o las familias de hechos estudiados por Darwin y reunidos todos en una única y lógica formulación. En el pasado, la ciencia era una actividad un tanto marginal y esotérica, casi una actividad de brujos, sus hallazgos sólo tenían una limitada aplicación en la vida social, y de hecho la ciudad y el campo podían vivir ajenos a ellos, y si sus teorías chocaban con las doctrinas oficiales bastaba con declararlas heréticas y dejar que siguiera el curso de la historia. Pero la Ilustración, los progresos y descubrimientos científicos de los siglos XVIII y XIX y la Revolución Industrial, habían hecho de la ciencia, sobre todo de la experimental, uno de los pilares de la sociedad, tan imprescindible como los otros. En tiempos de Darwin, un conflicto entre ciencia y doctrina ofrecía ya pocas posibilidades de componendas y obligaba a elegir. La teoría de la evolución fue recibida con horror por las mentes ortodoxas-y las anglicanas, las más fieras- persuadidas de que cualquier hipótesis contraria a la creación del mundo por seis actos de potestad divina en seis días de una semana muy cargada de trabajo, suponía la destrucción de los fundamentos de la religión del Estado, de la familia y del orden social.

Juan Benet. Londres Victoriano.

SECCIÓN SEGUNDA: LAS TÉCNICAS ARGUMENTATIVAS

Introducción a la sección segunda

Hemos dividido esta sección titulada *Las Técnicas Argumentativas* en seis capítulos dedicados respectivamente a la clasificación, los hechos, las premisas, los argumentos, los razonamientos y, finalmente, los tipos de discurso con particular énfasis en el discurso autoritario.

En primer lugar, se dedica un capítulo a la clasificación. Antes de entrar de lleno en el análisis de la argumentación nos ha parecido importante hacer notar algunas de las operaciones de clasificación detectadas en OSMNS. Éste capítulo y los dos siguientes (*Los hechos* y *Las premisas*), establecen un puente con la sección anterior titulada *El punto de partida de la argumentación*. Puede parecer extraño que los hechos aparezcan en esta sección y no en la anterior, pero esperamos que la extrañeza desaparezca al exponer la manera en la que el autor de OSMNS utiliza los hechos.

Los tres primeros capítulos dedicados a la clasificación, los hechos, y las premisas vienen aquí a completar el análisis efectuado en el capítulo 2 de la sección anterior, titulado *La selección de los datos y su presencia*. La selección de los datos, un aspecto muy importante en la elaboración de todo discurso, adquiere además en OSMNS unos matices especiales. Así por ejemplo, pronto veremos cómo se relaciona con la clasificación. Cribando en la naturaleza lo que conviene a sus fines, el autor va cerrando, acotando el campo para su argumentación de tal manera que esta acaba siendo puramente tautológica.

El capítulo dedicado a los argumentos describe los argumentos de autoridad, fundamentales en OSMNS. Discutiremos otros tipos de argumentos como los cuasi-lógicos, de simetría y de transitividad y los basados en la personificación.

La tautología, los razonamientos circulares, han de ocupar una posición central en el capítulo quinto que está dedicado a los razonamientos. El afianzamiento firme de la tautología en OSMNS se realiza mediante el establecimiento previo de una simetría que tiene el valor, como el propio autor de OSMNS indica en su texto, de un dogma de fe. A partir de ahí la ciencia desaparece, las premisas se mezclan con las conclusiones y el avance en el conocimiento se hace del todo imposible. La lección que debemos aprender es la siguiente: sólo borrando del mapa nociones como selección natural y supervivencia de los más aptos se podrán obtener explicaciones sobre los procesos de la naturaleza.

El uso de la clasificación, el manejo de los hechos y la utilización meticulosa de premisas adecuadas constituye el arsenal, el material de partida con el que el autor cuenta para establecer sus argumentos. La naturaleza circular de los razonamientos hace difícil en este caso distinguir entre premisa y conclusión, entre argumentos sueltos y razonamiento. Los puntos de partida se confunden con las conclusiones en un caso ejemplar de autofagia. Empero, la obra no queda aniquilada por dos motivos. En primer lugar por la capacidad de superación de todo tipo de dificultades que es el principal rasgo de la maestría retórica de su autor. En segundo lugar por su firmeza al escribir desde una posición de autoridad. El autor debe su inaudita capacidad de superación al firme apoyo del poder. Cualquier cosa que escriba será defendida por una red de profesionales del mundo académico y editorial interesados en un cambio de paradigma. La clasificación es parte fundamental en el proceso. Partiendo de premisas erróneas basadas en hechos cuidadosamente escogidos tendremos razonamientos cerrados sobre sí mismos, y, por lo tanto, equivocados. La abrumadora presencia de la contradicción demuestra casos ejemplares de autofagia que pronto veremos. Pero en algunos tipos de discurso es necesario contar con razonamientos abundantes, aunque sean equivocados; es decir aunque sean puros trabalenguas, porque lo importante es la abundancia. Cuando se trata de imponer nuevos valores, un discurso épico recurre a los argumentos de autoridad, que busca la abundancia, la cantidad aunque sólo sea para ocultar sus verdaderas motivaciones y conseguir así su fin: conmover. *Movere.*

1. La clasificación: cuatro operaciones

Veremos cuatro ejemplos de clasificación en OSMNS. Los dos primeros son casos de anti-clasificación, des-clasificación o faltas contra la clasificación; el tercero y el cuarto son claramente ejemplos de clasificación positiva. Todos ellos cooperan hacia una misma finalidad: el descrédito de la taxonomía; la des-valorización de la diversidad natural; restar importancia al concepto de *especie* y finalmente, la prohibición del diseño.

1.1. Primera operación de clasificación, o mejor dicho de des-clasificación

La primera operación de des-clasificación va directa al descrédito de la taxonomía. En el capítulo 2 de la primera parte, dedicado a la selección de los datos, nos hemos referido a la manera en que se escogen y se presentan los datos para ilustrar la variación en la naturaleza, ignorando la taxonomía e intentando restar importancia al concepto de *especie*. Asimismo veíamos cómo el concepto de *especie* permanece indefinido a lo largo de toda una obra que se complace en presentarlo como equivalente al de *variedad*. El concepto de *especie* es sometido a un continuo vaivén sin atreverse nunca el autor a dar el paso definitivo: Su definición, o el reconocimiento de la dificultad de la misma y sus causas. Las especies son variedades, dice en un párrafo; las especies no son variedades, viene a decir algunos párrafos después. Pronto retomaremos este aspecto cuyo alcance no ha sido todavía debidamente estimado. Así, en un lugar dice:

Many years ago, when comparing, and seeing others compare, the birds from the closely neighbouring islands of the Galapagos Archipelago, one with another, and with those from the American mainland, I was much struck how entirely vague and arbitrary is the distinction between species and varieties.

Hace muchos años, comparando y viendo comparar a otros las aves de las islas -muy próximas entre sí- del Archipiélago de los Galápagos, unas con otras y con las del continente americano, quedé muy sorprendido de lo completamente arbitraria y vaga que es la distinción entre especies y variedades.

Y en otro

To sum up, I believe that species come to be tolerably well-defined objects, and do not at any one period present an inextricable chaos of varying and intermediate links:

Resumiendo, creo que las especies llegan a ser entidades bastante bien definidas, y no se presentan en ningún período como un inextricable caos de eslabones variantes e intermedios:

En qué quedamos entonces: ¿tiene algún sentido hablar de especies en la naturaleza? Si es así: ¿por qué no hacerlo? ¿por qué no indicar que entre especies y variedades hay una enorme diferencia?

1.2. Segunda operación de clasificación, o mejor dicho de des-clasificación

La segunda de las operaciones contra la clasificación tiene lugar muy temprano, en los primeros capítulos. Se trata de esa incapacidad de distinguir tan notoria en el autor que escribe largo y tendido sobre la variación, pero en ningún momento se toma la molestia de indicar si dicha variación está relacionada con la formación de una especie o no lo está en absoluto. No evita tratar multitud de ejemplos de variación que no tienen relación alguna con la formación de una especie, ni menciona que sus ejemplos, algunos, si no todos, podrían no tener nada que ver con la formación de una nueva especie.

Sin duda la variación tiene sus causas, la especiación también; pero ambos procesos son muy distintos y el primero es muy amplio, muy general, mientras que del segundo todavía hoy resulta difícil dar algún ejemplo concluyente, cuanto más hacer alguna generalización que tenga sentido. Distraer la atención del lector con observaciones sobre la variación en general permite al autor extraviarse en un mar de detalles, una manera muy eficaz de dejar de lado el hecho principal: De poco o nada servirá esta toda esta serie de detalles para el estudio del origen de las especies.

Temprano en la obra se asienta la costumbre de hablar de cualquier cosa y de cualquier modo, pero es un grave error confundir variación en general, cualquier variación, con aquella parte de la variación que el autor desconoce y que es la que pueda conducir a la especiación. Otro error es la incapacidad de distinguir entre el cambio continuo y cambios súbitos o monstruosidades como se manifiesta en el párrafo siguiente al principio del capítulo 1:

> *At long intervals of time, out of millions of individuals reared in the same country and fed on nearly the same food, deviations of structure so strongly pronounced as to deserve to be called monstrosities arise; but monstrosities cannot be separated by any distinct line from slighter variations.*

> A largos intervalos de tiempo, de millones de individuos criados en el mismo país y alimentados en casi el mismo alimento, surgen las desviaciones de estructura, de manera muy pronunciada como para merecer ser llamado monstruosidades, pero las monstruosidades no pueden ser separadas por ninguna línea distinta de las más leves variaciones.

Se equivoca aquí el autor: las monstruosidades pueden perfectamente separase de las más leves variaciones. Las primeras son discontinuidades fruto de mutaciones repentinas con cambios bruscos; mientras que las segundas permanecen dentro de un continuo que engloba a la mayoría de los individuos. Empero, seguimos sin tener evidencia de que ningún ejemplo de los aportados, que por lo general se refieren a la variación continua, ni tampoco de las llamadas monstruosidades, todo ello parte de la variación rutinaria en la granja, tengan función alguna en la aparición de una nueva especie.

1.3. Tercera operación de clasificación: clasificando naturalistas.

La tercera operación es ya de clasificación positiva. El autor establece una disyuntiva aparente entre quienes creen y quienes no creen en la transformación de las especies. Pero en realidad se trata de algo más complicado. Merece la pena dedicar un pequeño esfuerzo a su análisis. Veamos.

La combinación de ambas operaciones, primera y tercera, de anti-clasificación y clasificación es paradójica, autofágica. Si la tercera operación, de clasificación, pretende distinguir entre quienes creen y quienes no creen en la transformación de las especies, entonces ocurre que esta disyuntiva atañe al concepto de *especie*, con lo cual sería necesario que este concepto estuviera bien definido de antemano. Empero, la primera operación ha consistido precisamente en emborronar toda posible definición real del concepto que es clave en la tercera clasificación, obscureciéndolo. Entonces, si la primera operación consistió precisamente en emborronar la noción de "especie" diciendo que especie es lo mismo que variedad, ¿cómo se puede pretender con esas premisas distinguir bien entre quienes creen y quienes no creen en la transformación de las especies?

Efectivamente a lo largo de la obra en general y, en particular, en el Historical Sketch, se establece una división entre dos grupos: Los naturalistas que creen y los que no creen en algo. Pero el criterio para la división, el verdadero motivo de la creencia no es la *transformación* de las especies en sí sino más bien la *naturaleza* de la especie. Dicho de otro modo: la obra establece una división entre quienes creen que la especie es lo mismo que una variedad (Darwin, Huxley y el resto de miembros del X-Club, pero sólo de vez en cuando, según conveniencia, en algunas de sus páginas; en otras, no), y quienes creen que la categoría de especie posee un valor superior, y ciertamente relacionado con lo que Richard Owen llamaba el *Arquetipo* (Aristóteles, Linneo, Cuvier, Agassiz, Owen y toda la plana mayor de la Historia Natural).

De tal confusión surge un resultado notable: Toda persona que pueda pensar que hay algo más complicado en el concepto de *especie* que en el de *variedad*, queda automáticamente aislada, arrinconada. Y dicho de un modo más general: toda persona que pueda pensar, queda proscrita. El pensamiento queda prohibido. Defender la complejidad del concepto de *especie*, relacionarlo con un *Arquetipo*, nos aproximaría peligrosamente a la idea de diseño, que la obra prohíbe. Por el contrario, ver la especie como "variedad" abre la puerta al dogma que atraviesa el libro de parte a parte (la *Selección Natural*). Como alternativa a la realidad de una naturaleza cuyos individuos se agrupan en especies, se propone el cambio continuo (*Natura non facit saltum* es el título de uno de los apartados del capítulo VI titulado *Difficulties of the Theory*). Así, utilizando la noción de especie de modo contradictorio, estamos obligados a ser contradictorios también acerca del modo de cambio como veremos un poco más adelante. El propio autor expresa opiniones opuestas, tanto a favor como en contra, de la naturaleza de las especies (semejantes a variedades o no) y de la naturaleza cambio (continuo o discontinuo).

Hemos visto ya abundantes ejemplos y explicaciones de la primera operación de emborronamiento de la categoría de especie. Veamos cómo se efectúa la segunda, el establecimiento arbitrario de dos grupos de naturalistas. Vamos a partir para ello del último párrafo de la introducción:

> *Although much remains obscure, and will long remain obscure, I can entertain no doubt, after the most deliberate study and dispassionate judgment of which I am capable, that the view which most naturalists until recently entertained, and which I formerly entertained—namely, that each species has been independently created—is erroneous.*

> Aunque mucho permanece y permanecerá largo tiempo obscuro, no puedo, después del más reflexionado estudio y desapasionado juicio de que soy capaz, abrigar duda alguna de que la opinión que la mayor parte de los naturalistas mantuvieron hasta hace poco, y que yo mantuve anteriormente -o sea que cada especie ha sido creada independientemente-, es errónea.

Pero antes de admitir o rechazar que es errónea esta opinión atribuida aquí arbitrariamente a la mayor parte de los naturalistas:

…que cada especie ha sido creada independientemente

Deberíamos saber quién, cuándo y cómo la ha expresado y sobre todo qué significa. Decir que algo es erróneo implica conocer su contenido, y tener algo que oponerle, cuyo contenido también conocemos. Pero en la oración que el autor dice ser errónea, ignoramos tanto el significado del sujeto (*especie*), como el del verbo (*crear*). No sabemos qué es una especie, y el autor no nos lo va a explicar, ni tampoco sabemos qué se entiende por *Creación*, lo cual escrito así con minúscula, suponemos que puede significar cualquier cosa, exactamente como indicaba Richard Owen en opinión recogida unas páginas antes en el *Historical Sketch*:

> *Always, also, it may be well to bear in mind that by the word 'creation' the zoologist means 'a process he knows not what.'*
>
> Además deberá tenerse muy en cuenta que por la palabra 'creación' el zoólogo siempre entiende un proceso, no sabe cuál.

Pero, puesto que el concepto de *Creación* no está claro, el de *especie* tampoco y que Richard Owen ya había admitido que podría ocurrir la creación de una especie a partir de otra, no hay motivo alguno para rechazar que cada especie haya sido creada independientemente. Para Richard Owen, Pierre Flourens, Giovanni Bianchoni, Louis Agassiz, Ernst von Baer y otros naturalistas contemporáneos de Darwin y seguidores de Cuvier, independientemente no significa a partir de la nada, quiere decir de manera distinta a otras especies. Y en ciencia distinguir es objetivo primordial.

En la introducción indica el autor que la opinión contraria a la suya es errónea. El problema es que no ha descrito en ningún momento cuál es esa opinión contraria a la suya y lo que ha descrito sobre la suya propia es contradictorio. Por ejemplo si se indica, como acabamos de ver, que la opinión de que cada especie ha sido creada independientemente es errónea, debería hacerse con cuidado puesto que al comienzo del capítulo 2 de OSMNS, al dar una definición de especie encontramos:

> *Generally the term includes the unknown element of a distinct act of creation*
>
> Generalmente el término incluye el elemento desconocido de un acto de creación

Sin criticar entonces el autor esta opinión general ni tan siquiera decir que tenga algo que oponer a ella.

A veces, el autor presenta el concepto de *especie* como bien distinto del de *variedad*; otras veces, no. En ocasiones su opinión consiste en defender la transformación de las especies, luego la contraria sería la que no admite la transformación de las especies; pero el *Historical Sketch* muestra claramente que muchos naturalistas reconocen que las especies pueden cambiar. En otras ocasiones, su opinión es contraria a quienes afirman que cada especie es el resultado de un acto de creación mientras que él mismo, para salir del paso, admite que la especie es el elemento

127

desconocido de un acto distinto de creación. Resulta muy difícil entender un debate en el que, por un lado no hay acuerdo entre el significado de los términos principales (especie, formación de una especie); pero por otro tampoco hay una definición clara de las posturas. Nadie parece saber qué es una especie y tampoco a qué se refiere la expresión *"un acto de creación"*.

Con esta expresión, en media docena de palabras, resume el autor la postura contraria a la suya:

Cada especie ha sido creada independientemente.

Opinión que el autor intenta borrar de las páginas de la ciencia para siempre: sin ejemplos, sin experimentos; sin discusión ni consideración alguna y mediante un conjunto de argumentos basados en una serie de errores. Sin la mínima concesión a Richard Owen que permita un acercamiento, una explicación ampliando o perfilando ese concepto de *Creación.* Queda prohibido al científico expresar ideas en torno a esta posibilidad. La expresión contraria: *Cada especie no ha sido creada independientemente*, es dogma: una verdad absoluta que da pie a un mar de confusión puesto que hemos de creer en ella mediante acto de fe, algo siempre duro en la Ciencia. Pero es que además del acto de fe, hay aquí algo más que es contrario a toda ciencia: No tenemos derecho a preguntar ¿Qué significa creer que cada especie ha sido creada independientemente? Significa algo prohibido y punto. Quien en ello crea pasará a la zona prohibida y será considerado *Creacionista*, estigmatizado. En su lugar hay una opción mejor:

Furthermore, I am convinced that natural selection has been the most important, but not the exclusive, means of modification.

Además, estoy convencido que la selección natural ha sido el más importante, pero no el único, medio de modificación.

Así, ya en la introducción queda clara la finalidad del libro que no consiste en plantear la manera en que puede ocurrir el origen de las especies o su transformación, lo cual sería una actitud científica, sino en manifestarse contra esa opinión de que cada especie ha sido creada independientemente. Se entienda lo que se entienda por *Creación*, eso da igual. El autor pretende que la idea de *Creación* desaparezca del mapa de la ciencia, substituida por la *selección natural*, para lo cual necesita igualar a las especies con variedades.

Una vez admitido que las especies son como variedades y que todo cambio es continuo, se abre el telón y aparece, como hemos visto, la selección natural. Un oxímoron (recuerdan la etimología: *Oxy* es agudo; *Môron,* relativo a la locura o a la estupidez). Precisamente la *selección natural,* una locura, va a ser la que reemplace a la *Creación*, al *Diseño.* A toda idea que pueda estar más allá de los escasos límites del pensamiento del autor. No se admite que ambas posibilidades, creación y transformación a partir de otras especies o variedades, puedan, de alguna manera, coexistir. Es imposible el diálogo. Queda prohibido reconocer, con Richard Owen, que el concepto de *Creación* es amplio y misterioso, que el zoólogo entiende por creación un proceso, no sabe cuál. No. La idea de *Creación* debe desaparecer por completo. Queda prohibida cualquier pegunta al respecto, cualquier pensamiento que pueda acercarnos a la idea de un diseño en la naturaleza. La naturaleza es sencilla, comprensible a la luz de la razón y moldeable a nuestros deseos. Toda su explicación está en nuestras manos. Basta con creer en un oxímoron, en una locura. Ya en su Introducción la obra manifiesta su verdadera dimensión épica: *Las aventuras de la Selección Natural explicadas sin dejar lugar al misterio*, podría llevar por título.

Como indicábamos al principio de la primera parte, aspiramos a realizar un análisis científico. Podemos admitir que sea necesario creer en algo, pero no podemos renunciar a hacer preguntas. Si creer en la creación independiente de cada especie, consiste en lo contrario de admitir cosas sin pruebas ni experimentos; si admitir la creación independiente de cada especie consiste en lo contrario de creer que una naturaleza personificada elija a los mejores de sus individuos como reproductores; si admitir la creación independiente de cada especie consiste en lo contrario de creer en la locura de una naturaleza dirigida por un oxímoron, entonces algunos vamos a estar inclinados a creer en la creación independiente de cada especie. En recompensa veremos restaurado un lugar para el misterio.

1.4. Cuarta operación de clasificación: clasificando dificultades

El cuarto ejemplo de clasificación tiene lugar al comienzo del capítulo 6, precisamente en donde se había roto aquella correspondencia unívoca entre algunos capítulos de la presente obra y los respectivos de OSMNS.

Leemos al comenzar el capítulo sexto de OSMNS una frase que suena como una explosión:

Long before the reader has arrived at this part of my work, a crowd of difficulties will have occurred to him.

Mucho antes de que el lector haya llegado a esta parte de mi obra se le habrán ocurrido una multitud de dificultades.

Una sentencia de extraordinaria franqueza. Una de esas expresiones de alta concentración de verdad con las que el autor nos obsequia en contadas ocasiones, como aquella que tanto llamaba nuestra atención en el Capítulo 4 que dice:

In the literal sense of the word, no doubt, natural selection is a false term

En el sentido literal de la palabra, sin duda, *selección natural* es una expresión falsa.

Grandes verdades, algo excepcional en OSMNS, pero, a cambio, numerosas dificultades. Pero tienen solución: el autor sabe que rompiendo el lenguaje no habrá dificultades para su texto. Ahora, para eliminar las dificultades da un primer paso que consiste en clasificarlas, y lo hace de esta manera. No se la pierdan:

Some of them are so serious that to this day I can hardly reflect on them without being in some degree staggered; but, to the best of my judgment, the greater number are only apparent, and those that are real are not, I think, fatal to the theory.

Algunas son tan graves, que aún hoy día apenas puedo reflexionar sobre ellas sin vacilar algo; pero, según mi leal saber y entender, la mayor parte son sólo aparentes, y las que son reales no son, creo yo, funestas para mi teoría.

Y, así, poco a poco, divide y vencerás, en los párrafos que siguen continúa el proceso de clasificación de dificultades, primer paso hacia su destrucción:

These difficulties and objections may be classed under the following heads: First, why, if species have descended from other species by fine gradations, do we not everywhere see innumerable transitional forms? Why is not all nature in confusion, instead of the species being, as we see them, well defined?

Secondly, is it possible that an animal having, for instance, the structure and habits of a bat, could have been formed by the modification of some other animal with widely different habits and structure? Can we believe that natural selection could produce, on the one hand, an organ of trifling importance, such as the tail of a giraffe, which serves as a fly-flapper, and, on the other hand, an organ so wonderful as the eye?

Thirdly, can instincts be acquired and modified through natural selection? What shall we say to the instinct which leads the bee to make cells, and which has practically anticipated the discoveries of profound mathematicians?

Fourthly, how can we account for species, when crossed, being sterile and producing sterile offspring, whereas, when varieties are crossed, their fertility is unimpaired?

The two first heads will be here discussed; some miscellaneous objections in the following chapter; Instinct and Hybridism in the two succeeding chapters.

Estas dificultades y objeciones pueden clasificarse en los siguientes grupos: 1º Si las especies han descendido de otras especies por suaves gradaciones, ¿por qué no encontramos en todas partes innumerables formas de transición? ¿Por qué no está toda la naturaleza confusa, en lugar de estar las especies bien definidas según las vemos?

Segundo: ¿Es posible que un animal que tiene, por ejemplo, la confirmación y costumbres de un murciélago pueda haber sido formado por modificación de otro animal de costumbres y estructura muy diferentes? ¿Podemos creer que la selección natural pueda producir, de una parte, un órgano insignificante, tal como la cola de la jirafa, que sirve de mosqueador, y, de otra, un órgano tan maravilloso como el ojo?

Tercero: ¿Pueden los instintos adquirirse y modificarse por selección natural? ¿Qué diremos del instinto que lleva a la abeja a hacer celdas y que prácticamente se ha anticipado a los descubrimientos de profundos matemáticos?

Cuarto, ¿Cómo podemos explicar que cuando se cruzan las especies son estériles o producen descendencia estéril, mientras que cuando se cruzan las variedades su fecundidad es sin igual?

Los dos primeros grupos se discutirán ahora, algunas objeciones diversas en el capítulo próximo, el instinto y la hibridación en los dos capítulos siguientes.

Dificultades, objeciones, problemas para la "teoría", no faltan. Algunas tan graves que incluso hacen vacilar al autor cuando reflexiona sobre ellas, de modo que tal vez reflexionando más, llegaría a ver su verdadera dimensión. Desde el capítulo sexto hasta el noveno, ambos incluidos, todo son objeciones y dificultades varias. Pero también encontraremos otras dificultades y objeciones en los capítulos décimo y décimo primero, dedicados respectivamente a la denominada "Imperfección" del registro geológico y a la sucesión geológica de los seres vivientes; así como en los dos siguientes, el 12 y el 13, dedicados a la distribución geográfica.

La conclusión de todo este recuento de dificultades, paradigma del pensamiento optimista, es como sigue: Si mi teoría tiene tantas dificultades, esto demuestra sin duda que mi teoría existe. La selección natural navega victoriosa sobre un mar de dificultades, en donde siempre va impulsada por un remero con dos brazos victoriosos: la autoridad y un tratamiento magistral de los hechos.

2. Los hechos y su relación con los principios

En general se supone que los "hechos" constituyen el punto de partida del que arranca la argumentación, y si así fuese, entonces deberían figurar en la primera sección titulada *El Punto de Partida de la Argumentación. Los objetos de Acuerdo.* Así es, al menos, como figuran en el tratado que nos sirve de referencia (Perelman y Olbrechts-Tyteca, 1989). Pero nuestro autor tiene una idea algo distinta, más compleja. Ya en el tercer párrafo de la introducción nos indica su particular punto de vista sobre los hechos:

> *This abstract, which I now publish, must necessarily be imperfect. I cannot here give references and authorities for my several statements; and I must trust to the reader reposing some confidence in my accuracy. No doubt errors may have crept in, though I hope I have always been cautious in trusting to good authorities alone. I can here give only the general conclusions at which I have arrived, with a few facts in illustration, but which, I hope, in most cases will suffice. No one can feel more sensible than I do of the necessity of hereafter publishing in detail all the facts, with references, on which my conclusions have been grounded; and I hope in a future work to do this. For I am well aware that scarcely a single point is discussed in this volume on which facts cannot be adduced, often apparently leading to conclusions directly opposite to those at which I have arrived. A fair result can be obtained only by fully stating and balancing the facts and arguments on both sides of each question; and this is here impossible.*

Este resumen que publico ahora tiene necesariamente que ser imperfecto. No puedo dar aquí referencias y textos en favor de mis diversas afirmaciones, y tengo que contar con que el lector pondrá alguna confianza en mi exactitud. Sin duda se habrán deslizado errores, aunque espero que siempre he sido prudente en dar crédito tan sólo a buenas autoridades. No puedo dar aquí más que las conclusiones generales a que he llegado con algunos hechos como ejemplos, que espero, sin embargo, serán suficientes en la mayor parte de los casos. Nadie puede sentir más que yo la necesidad de publicar después detalladamente, y con referencias, todos los hechos sobre que se han fundado mis conclusiones, y que espero hacer esto en una obra futura; pues sé perfectamente que apenas se discute en este libro un solo punto acerca del cual no puedan aducirse hechos que con frecuencia llevan, al parecer, a conclusiones directamente opuestas a aquellas a que yo he llegado. Un resultado justo puede obtenerse sólo exponiendo y pesando perfectamente los hechos y argumentos de ambas partes de la cuestión, y esto aquí no es posible.

Lo que nos está diciendo aquí es revelador. Fíjense por favor en las cuatro ocasiones que aparece la palabra "hechos" en este párrafo:

1) No puedo dar aquí más que las conclusiones generales a que he llegado con <u>algunos hechos como ejemplos</u>, que espero, sin embargo, serán suficientes en la mayor parte de los casos.

2) Nadie puede sentir más que yo la necesidad de <u>publicar después detalladamente, y con referencias, todos los hechos</u> sobre que se han fundado mis conclusiones...

3) pues sé perfectamente que apenas se discute en este libro un solo punto acerca del cual no puedan <u>aducirse hechos que con frecuencia llevan, al parecer, a conclusiones directamente opuestas</u> a aquellas a que yo he llegado

4) <u>Un resultado justo puede obtenerse sólo exponiendo y pesando perfectamente los hechos y argumentos de ambas partes de la cuestión, y esto aquí no es posible.</u>

El sesgo de confirmación lleva a quedarse erróneamente con algunos ejemplos y elementos que puedan favorecer una interpretación, un intento de hipótesis u opinión personal. Para evitarlo, es necesario partir de la observación imparcial de los hechos, no considerar de antemano como ciertas unas interpretaciones o unos principios sin haber analizado los hechos y haberlos antepuesto (Gambra y Oriol, 2015, p 296-299). Así, en el Origen de las Especies, más que punto de partida como sería lo normal, lo habitual, los hechos son un ramillete de ejemplos escogidos para sus conclusiones pre-determinadas. Ahora se publican *algunos hechos*, aquellos que pueden servir a tal fin (1). Después, nos promete el autor, *se publicarán más detalladamente en una obra futura, y con referencias, todos los hechos sobre los que se han fundado mis conclusiones* (2). Explicación que recuerda a la de un niño sorprendido tras haber entregado una tarea a medio hacer.

Pero si todos los hechos que sean favorables serán, en su día, publicados, entonces los otros hechos, es decir aquellos que no sirvan para fundar sus conclusiones o que las contradigan abiertamente, serán descartados, podríamos añadir basándonos en el punto (3). No hay problema. Se entiende. Si el autor fuese a tener en cuenta los hechos que son contrarios a sus puntos de vista, entonces se daría cuenta de que sus puntos de vista son simplemente errores, equivocaciones, y nadie escribe un libro científico basándose en dejar sus equivocaciones al descubierto. Lo mismo ocurre, añadimos, con toda referencia a autores que contravengan sus opiniones. Por eso la Filosofía, la Historia de la Ciencia y la Taxonomía serán ignoradas, por tratarse de disciplinas llenas de contenido contrario a las ideas que el autor desea propugnar desde este texto. Con todo, no hay que preocuparse, porque, en otro brote de sinceridad ejemplar, el autor indica el camino que ha seguido, como comprobará quien lea con atención el punto 4) arriba indicado, en donde termina por confesar que no es posible un resultado justo. Lo cual no le importa, porque no es eso lo que pretende: la justicia le tiene sin cuidado, como hemos visto en secciones anteriores. Y es que una de las características principales del poder consiste en colocarse por encima de la justicia siempre que sea posible.

El autor indica así exactamente en la introducción cómo ha escrito el capítulo 2 titulado *La variación en la Naturaleza*: escogiendo aquellos casos dudosos en los que una variedad podría aproximarse a, o confundirse con, una especie. Efectivamente, la consecuencia de haber empleado los hechos como ilustración de sus conclusiones viene a ser que, de igual manera, podrían haberse presentado otros hechos que llevasen a conclusiones diametralmente opuestas. Este tratamiento de los hechos, característico de la escritura arbitraria propia de una mente errática que lo mismo puede decir una cosa que su contraria, revela a un autor carente de principios, como acabamos de ver en relación con su preocupación con la justicia. En la introducción a su obra el autor reconoce haber evitado cuidadosamente aquellos hechos que no le convienen. Esto nos ha permitido discrepar, en este caso, de Perelman y Olbrechts-Tyteca y no seguir su programa colocando a los hechos en su lugar correspondiente que sería uno de los primeros apartados de la primera sección titulada *El punto de partida de la argumentación*. En este caso, no. Aquí, como el propio autor reconoce, los hechos vienen a la par de las conclusiones, dentro ya de lleno de la sección titulada *Las Técnicas Argumentativas*.

Después de haber leído este ilustrativo tercer párrafo de la introducción, no sorprende ya encontrar más adelante que lo que

138

entiende el autor por *hecho* viene a ser ilustración de su *pensamiento* y a menudo es confundido con *principio*. Así, por ejemplo, en el capítulo XV nos encontramos:

> *The fact, as we have seen, that all past and present organic beings can be arranged within a few great classes, in groups subordinate to groups, and with the extinct groups often falling in between the recent groups, is intelligible on the theory of natural selection with its contingencies of extinction and divergence of character. On these same principles we see how it is that the mutual affinities of the forms within each class are so complex and circuitous. We see why certain characters are far more serviceable than others for classification; why adaptive characters, though of paramount importance to the beings, are of hardly any importance in classification; why characters derived from rudimentary parts, though of no service to the beings, are often of high classificatory value; and why embryological characters are often the most valuable of all. The real affinities of all organic beings, in contradistinction to their adaptive resemblances, are due to inheritance or community of descent. The Natural System is a genealogical arrangement, with the acquired grades of difference, marked by the terms, varieties, species, genera, families, etc.; and we have to discover the lines of descent by the most permanent characters, whatever they may be, and of however slight vital importance.*

El hecho, como hemos visto, de que todos los seres orgánicos, pasados y presentes, puedan ser ordenados dentro de un corto número de grandes clases en grupos subordinados a otros grupos, quedando con frecuencia los grupos extinguidos entre los grupos actuales, es comprensible dentro de la teoría de la selección natural, con sus consecuencias de extinción y divergencia de caracteres. Según estos mismos principios, comprendemos por qué son tan complicadas y tortuosas las afinidades mutuas de las formas dentro de cada clase. Vemos por qué ciertos caracteres son mucho más útiles que otros para la clasificación; por qué caracteres adaptativos, aunque de suma importancia para los seres, no tienen casi importancia alguna en la clasificación; por qué caracteres derivados de órganos rudimentarios, aunque de ninguna utilidad para los seres, son muchas veces de gran valor taxonómico, y por qué los caracteres embriológicos son con frecuencia los más valiosos de todos. Las afinidades reales de todos los seres orgánicos, en contraposición con sus semejanzas de adaptación, son debidas a herencia o comunidad de origen. El sistema natural es un ordenamiento genealógico, en el que se expresan los grados de diferencia adquiridos, por los términos variedades, especies, géneros, familias, etc.; y tenemos que descubrir las líneas genealógicas por los caracteres más permanentes, cualesquiera que sean y por pequeña que sea su importancia para la vida.

Nos preguntamos: El *hecho*, el sujeto con el que comienza el párrafo, ¿cuál es? ¿hasta dónde llega?, ¿incluye a la selección natural? Cuando dice luego: *Según estos mismos principios*, ¿queda incluido también ahí el hecho entre los principios?, ¿confunde el autor hechos con principios?

Hechos, principios, verdades, teorías, todo queda al mismo nivel de desconocimiento y confusión. Afortunadamente, de cuando en cuando, el texto contiene pistas que ayudan a su desciframiento. Acabamos de ver una:

> *A fair result can be obtained only by fully stating and balancing the facts and arguments on both sides of each question; and this is here impossible.*

Un resultado justo puede obtenerse sólo exponiendo y pesando perfectamente los hechos y argumentos de ambas partes de la cuestión, y esto aquí no es posible.

El problema que tiene Darwin con los hechos es igual que el caso de aquel ancestral autor griego, el mitógrafo y genealogista Hecateo, cuyo sesgo motivó que fuera descalificado como cuentista por críticos posteriores, empezando por Heródoto. Hecateo (550 a. C.-476 a. C.) se mofaba de autores de mitología anteriores, en gran medida por sus genealogías. Hecateo, por su parte, escogió aquellas partes de la mitología y de las viejas genealogías de dioses y héroes arcaicos que le resultaban más convenientes según su propia opinión personal y las mostró como hechos indiscutibles, para despreciar el resto. Tiene cierta gracia, puesto que el propio Hecateo se mofa de lo escrito por autores anteriores.

En cambio, si Heródoto ha sido llamado "Padre de la historia" es porque su método pretende ser radicalmente diferente: se propone, antes de dar nada por cierto, procurar recabar toda la información necesaria. El propio término "historia" es introducido desde los primeros párrafos de su *Historia* y relacionado con la observación. Para un griego no era difícil constatar la relación léxica entre la palabra griega *"historia"* (*historíe* en el dialecto usado por Heródoto) y una de las raíces del verbo que se usaba en griego antiguo para la palabra "ver".

Por estas razones, Heródoto no acierta a comprender qué clase especial de "revelación" habrá recibido Hecateo para poder determinar qué partes de la vieja mitología eran ciertas y cómo podía demostrar las genealogías y supuestos acontecimientos que proponía. Si Heródoto, aun despreciado a veces de forma excepcional, fue saludado como "Padre de la historia" en virtud de su método, Hecateo fue despreciado como "el cuentista" (Alganza Roldán, 2012, p.31).

No esperemos pues un resultado justo de quien se ve obligado a seleccionar los hechos. Pero es que hay más y así leíamos en el capítulo 4: *La selección natural es, sin duda, una expresión falsa.* Hechos cuidadosamente seleccionados y arbitrariamente interpretados para una teoría que es, antes que nada, oxímoron (Recuerden: *Oxy*, agudo; *môron*, relativo a la locura). Con estos mimbres vamos a ir tejiendo los canastos de nuestra argumentación.

3. Las premisas: verdaderos problemas que el autor oculta sutilmente

El autor selecciona los hechos que puede utilizar como ejemplos para sus intenciones, es decir para apoyar sus ideas preconcebidas y excluyendo todos aquellos que no le interesan. Esta manera de actuar no augura nada bueno para lo que pueda ocurrir con las premisas. Como consecuencia de esta visión parcial de los hechos, entre las premisas de OSMNS figura un conjunto de errores cuyas consecuencias se mantienen desde el principio hasta el final de la obra. Citaremos ahora algunos ejemplos de estas premisas erróneas y la correspondiente manipulación efectuada en los hechos y en los capítulos siguientes veremos sus consecuencias en la argumentación.

Premisa errónea 1: las especies son como las variedades

La especie es una entidad distinta y superior a la variedad, pero el autor no puede reconocerlo entre sus premisas, porque llevaría de manera obligatoria a un siguiente paso lógico que sería necesariamente que el origen de las especies es distinto que el de las variedades, con lo cual el capítulo primero de su obra desaparecería, puesto que en la granja no hay formación de especies. En el quinto y sexto párrafos de la introducción queda ya bien planteada la idea:

> *In considering the origin of species, it is quite conceivable that a naturalist, reflecting on the mutual affinities of organic beings, on their embryological relations, their geographical distribution, geological succession, and other such facts, might come to the conclusion that species had not been independently created, but had descended, like varieties, from other species. Nevertheless, such a conclusion, even if well founded, would be*

unsatisfactory, until it could be shown how the innumerable species, inhabiting this world have been modified, so as to acquire that perfection of structure and coadaptation which justly excites our admiration. Naturalists continually refer to external conditions, such as climate, food, etc., as the only possible cause of variation. In one limited sense, as we shall hereafter see, this may be true; but it is preposterous to attribute to mere external conditions, the structure, for instance, of the woodpecker, with its feet, tail, beak, and tongue, so admirably adapted to catch insects under the bark of trees. In the case of the mistletoe, which draws its nourishment from certain trees, which has seeds that must be transported by certain birds, and which has flowers with separate sexes absolutely requiring the agency of certain insects to bring pollen from one flower to the other, it is equally preposterous to account for the structure of this parasite, with its relations to several distinct organic beings, by the effects of external conditions, or of habit, or of the volition of the plant itself.

It is, therefore, of the highest importance to gain a clear insight into the means of modification and coadaptation. At the commencement of my observations it seemed to me probable that a careful study of domesticated animals and of cultivated plants would offer the best chance of making out this obscure problem. Nor have I been disappointed; in this and in all other perplexing cases I have invariably found that our knowledge, imperfect though it be, of variation under domestication, afforded the best and safest clue. I may venture to express my conviction of the high value of such studies, although they have been very commonly neglected by naturalists.

Al considerar el origen de las especies se concibe perfectamente que un naturalista, reflexionando sobre las afinidades mutuas de los seres orgánicos, sobre sus relaciones embriológicas, su distribución geográfica, sucesión geológica y otros hechos semejantes, pueda llegar a la conclusión de que las especies no han sido independientemente creadas, sino que han descendido, como las variedades, de otras especies. Sin embargo, esta conclusión, aunque estuviese bien fundada, no sería satisfactoria hasta tanto que pudiese demostrarse cómo las innumerables especies que habitan el mundo se han modificado hasta adquirir esta perfección de estructuras y esta adaptación mutua que causa, con justicia, nuestra admiración. Los naturalistas continuamente aluden a condiciones externas, tales como clima, alimento, etc., como la sola causa posible de variación. En un sentido limitado, como veremos después, puede esto ser verdad; pero es absurdo atribuir a causas puramente externas la estructura, por ejemplo, del pájaro carpintero, con sus patas, cola, pico y lengua tan admirablemente adaptados para capturar insectos bajo la corteza de los árboles. En el caso del muérdago, que saca su alimento de ciertos árboles, que tiene semillas que necesitan ser transportadas por ciertas aves y que tiene flores con sexos separados que requieren absolutamente la mediación de ciertos insectos para llevar polen de una flor a otra, es igualmente absurdo explicar la estructura de este parásito y sus relaciones con varios seres orgánicos distintos, por efecto de las condiciones externas, de la costumbre o de la voluntad de la planta misma.

Es, por consiguiente, de la mayor importancia llegar a un juicio claro acerca de los medios de modificación y de adaptación mutua. Al principio de mis observaciones me pareció probable que un estudio cuidadoso de los animales domésticos y de las plantas cultivadas ofrecería las mayores probabilidades de resolver este obscuro problema. No he sido defraudado: en éste y en todos los otros casos dudosos he hallado invariablemente que nuestro conocimiento, aun imperfecto como es, de la variación en estado doméstico proporciona la guía mejor y más segura. Puedo aventurarme a manifestar mi convicción sobre el gran valor de estos estudios, aunque han sido muy comúnmente descuidados por los naturalistas.

Efectivamente, el estudio de la variación en la granja ha sido descuidado por los naturalistas, porque no sirve para estudiar la formación de especies. Pero esto es algo incómodo para el autor, algo que no quiere entender. Por esta razón, es decir, para mantener que las especies son igual que las variedades se ha escrito entero el capítulo II, titulado *La*

Variación en la Naturaleza en el que ni se habla de Linneo ni se describen las categorías taxonómicas. Eligiendo cuidadosamente.

Premisa errónea 2: el cambio es gradual

La idea de que el cambio es continuo (gradual significa continuo) procede de Lyell y da lugar a la frase *Natura non facit saltum* repetida en algunas ocasiones a lo largo de OSMNS. En la introducción viene expresada a continuación de los párrafos que citábamos antes. Dice el párrafo séptimo:

> *From these considerations, I shall devote the first chapter of this abstract to variation under domestication. <u>We shall thus see that a large amount of hereditary modification is at least possible; and, what is equally or more important, we shall see how great is the power of man in accumulating by his selection successive slight variations.</u> I will then pass on to the variability of species in a state of nature; but I shall, unfortunately, be compelled to treat this subject far too briefly, as it can be treated properly only by giving long catalogues of facts. We shall, however, be enabled to discuss what circumstances are most favourable to variation. In the next chapter the struggle for existence among all organic beings throughout the world, which inevitably follows from the high geometrical ratio of their increase, will be considered. This is the doctrine of Malthus, applied to the whole animal and vegetable kingdoms. As many more individuals of each species are born than can possibly survive; and as, consequently, there is a frequently recurring struggle for existence, it follows that any being, if it vary however slightly in any manner profitable to itself, under the complex and sometimes varying conditions of life, will have a better chance of surviving, and thus be NATURALLY SELECTED. From the strong principle of inheritance, any selected variety will tend to propagate its new and modified form.*

Por estas consideraciones, dedicaré el primer capítulo de este resumen a la variación en estado doméstico. <u>Veremos que es, por lo menos, posible una gran modificación hereditaria, y, lo que es tanto o más importante, veremos cuán grande es el poder</u>

del hombre al acumular por su selección ligeras variaciones sucesivas. Pasaré luego a la variación de las especies en estado natural pero, desgraciadamente, me veré obligado a tratar este asunto con demasiada brevedad, pues sólo puede ser tratado adecuadamente dando largos catálogos de hechos. Nos será dado, sin embargo, discutir qué circunstancias son más favorables para la variación. En el capítulo siguiente se examinará la lucha por la existencia entre todos los seres orgánicos en todo el mundo, lo cual se sigue inevitablemente de la elevada razón geométrica de su aumento. Es ésta la doctrina de Malthus aplicada al conjunto de los reinos animal y vegetal. Como de cada especie nacen muchos más individuos de los que pueden sobrevivir, y como, en consecuencia, hay una lucha por la vida, que se repite frecuentemente, se sigue que todo ser, si varía, por débilmente que sea, de algún modo provechoso para él bajo las complejas y a veces variables condiciones de la vida, tendrá mayor probabilidad de sobrevivir y de ser así naturalmente seleccionado. Según el poderoso principio de la herencia, toda variedad seleccionada tenderá a propagar su nueva y modificada forma.

Sentencias en las que el autor expresa de manera inequívoca sus premisas: El cambio es gradual. En la naturaleza, al igual que en la granja, se trata de ir acumulando pequeñas modificaciones. *Natura non facit saltum*. Pero la evidencia es testaruda a favor de lo contrario: *Natura facit saltum*. El cambio no es gradual. En los capítulos dedicados a las dificultades de la teoría (sexto), a sus objeciones (séptimo), al instinto (octavo), al hibridismo (noveno), al archivo geológico y a la sucesión geológica de los seres orgánicos (décimo y décimo primero) encontramos numerosos ejemplos de que el cambio no es gradual. Ni en el registro fósil ni en la naturaleza que observamos diariamente hay esa continuidad, la gradación de la que pretende el autor persuadir a sus lectores.

Las especies existen, las diferencias entre especies son distintas de las diferencias entre variedades. Entre los individuos de distintas especies hay límites, barreras diferentes de las que existen entre individuos de distintas variedades. Asimismo, el estudio de la anatomía demuestra que el cambio no es gradual. En este sentido escribió Giovanni Giuseppe Bianconi el libro titulado *La Théorie darwiniene et la creation dite independante*, otro texto olvidado de la Historia en el que se demuestra que la estructura del carpo, de los huesos de la mano, tiene en cada especie una función de acuerdo con las condiciones de vida de esa especie. Los hipotéticos estados intermedios del darwinismo no existen. El clásico ejemplo del ojo ha constituido una preocupación constante, verdadero azote de darwinistas. ¿Cómo puede nadie creer que un ojo se produzca por una serie de cambios graduales? Así en el capítulo 6 leemos:

> *For instance, the eyes of Cephalopods or cuttle-fish and of vertebrate animals appear wonderfully alike; and in such widely sundered groups no part of this resemblance can be due to inheritance from a common progenitor. Mr. Mivart has advanced this case as one of special difficulty, but I am unable to see the force of his argument.*

> Por ejemplo: los ojos de los cefalópodos y los de los vertebrados parecen portentosamente semejantes, y en estos grupos tan distantes nada de esta semejanza puede ser debido a herencia de un antepasado común. Míster Mivart ha presentado éste como un caso de especial dificultad; pero yo no sé ver la fuerza de su argumento.

Ninguna evidencia apoya que la semejanza entre los ojos de los cefalópodos y los humanos pueda ser debida a un antepasado común y tampoco hay evidencia alguna en favor del cambio gradual en la formación del ojo. Quizás sea cierto que el autor no ve aquí la fuerza del argumento de Mivart. Puede que todo lo que él ve le indique un cambio gradual, pero si así fuese, si el autor viese un cambio gradual, entonces sorprende mucho leer en las conclusiones a los capítulos 9 y 10 que tratan sobre Geología lo siguiente:

> ... *although each species must have passed through numerous transitional stages, it is probable that the periods, during which each underwent modification, though many and long as measured by years, have been short in comparison with the periods during which each remained in an unchanged condition. These causes, taken conjointly, will to a large extent explain why though we do find many links between the species of the same group we do not find interminable varieties, connecting together all extinct and existing forms by the finest graduated steps. It should also be constantly borne in mind that any linking variety between two forms, which might be found, would be ranked, unless the whole chain could be perfectly restored, as a new and distinct species; for it is not pretended that we have any sure criterion by which species and varieties can be discriminated.*

> ...aun cuando cada especie tiene que haber pasado por numerosos estados de transición, es probable que los períodos durante los cuales experimentó modificaciones, aunque muchos y largos si se miden por años, hayan sido cortos, en comparación con los períodos durante los cuales cada especie permaneció sin variación. Estas causas reunidas explicarán, en gran parte, por qué, aun cuando encontremos muchos eslabones, no encontramos innumerables variedades que enlacen todas las formas vivientes y, extinguidas mediante las más delicadas gradaciones. Había que tener, además, siempre presente que cualquier variedad que pueda encontrarse intermedia entre dos formas tiene que ser considerada como especie nueva y distinta, a menos que pueda restaurarse por completo toda la cadena, pues no se pretende que tengamos un criterio seguro por el que puedan distinguirse las especies de las variedades.

Párrafo añadido a partir de la cuarta edición de El Origen de las Especies, con el que Darwin se muestra contradictorio admitiendo saltos ente los distintas formas vivientes, sin estados intermedios. Al parecer, y según defienden Wilkins y Nelson (2008), Darwin había leído a Pierre Trémaux quien en su libro proponía la teoría de evolución a saltos del modo que luego se dio en llamar "Equilibrio Puntuado". Pero volviendo a la obra de Darwin, entonces: ¿en qué quedamos? ¿es el cambio continuo?, ¿es discontinuo y pasa por estados de transición? Si no se pretende que tengamos un criterio claro para distinguir especies de variedades, entonces: ¿no sería más justo escribir un libro titulado *Sobre el Origen de las Variedades por medio de la selección natural o la supervivencia de las razas favorecidas en la lucha por la vida*?

Premisa errónea 3: el antepasado común

El tópico del antepasado común, elemento clave de la épica tradicional desde Homero, es, asimismo, un elemento clave en la ideología darwiniana. En OSMNS se nos presenta en el capítulo 4 en el texto que acompaña a la figura del árbol, única imagen en la obra y en la que el autor ha mezclado arbitrariamente especies con variedades (Cervantes y Pérez Galicia, 2015). A tal fin se nos propone un apartado titulado: *The probable effects of the action of natural selection through divergence of character and extinction, on the descendants of a common ancestor.* (Los efectos probables de la acción de la selección natural mediante divergencia de caracteres y extinción, sobre los descendientes de un antepasado común). Podemos sospechar de dónde habrá sacado el autor ese antepasado común basándonos en las dos premisas erróneas anteriores. Efectivamente, si el cambio es gradual, si las especies son como variedades, entonces llevando esto al extremo la conclusión es que todos los seres vivos constituyen una descomunal genealogía en la cual podremos encontrar antepasados comunes para cualquier par de individuos de cualesquiera especies.

Encontramos en este mismo capítulo cuarto una joya que no podemos pasar por alto:

> *We have seen that in each country it is the species belonging to the larger genera which oftenest present varieties or incipient species. This, indeed, might have been expected; for as natural selection acts through one form having some advantage over other forms in the struggle for existence, it will chiefly act on those which already have some advantage; and the largeness of any group shows that its species have inherited from a common ancestor some advantage in common.*

Hemos visto que en cada país las especies que pertenecen a los géneros mayores son precisamente las que con más frecuencia presentan variedades o especies incipientes. Esto, realmente, podía esperarse, pues como la selección natural obra mediante formas que tienen alguna ventaja sobre otras en la lucha por la existencia, obrará principalmente sobre aquellas que tienen ya alguna ventaja, y la magnitud de un grupo cualquiera muestra que sus especies han heredado de un antepasado común alguna ventaja en común.

Pero es un poco más adelante donde el antepasado común adquiere plenamente su protagonismo. Así en el capítulo V encontramos un párrafo memorable en el que, si tenemos cuidado de que la lengua no se nos trabe, leemos:

> *On the ordinary view of each species having been independently created, why should that part of the structure, which differs from the same part in other independently created species of the same genus, be more variable than those parts which are closely alike in the several species? I do not see that any explanation can be given. But on the view that species are only strongly marked and fixed varieties, we might expect often to find them still continuing to vary in those parts of their structure which have varied within*

a moderately recent period, and which have thus come to differ. Or to state the case in another manner: the points in which all the species of a genus resemble each other, and in which they differ from allied genera, are called generic characters; and these characters may be attributed to inheritance from a common progenitor, for it can rarely have happened that natural selection will have modified several distinct species, fitted to more or less widely different habits, in exactly the same manner: and as these so-called generic characters have been inherited from before the period when the several species first branched off from their common progenitor, and subsequently have not varied or come to differ in any degree, or only in a slight degree, it is not probable that they should vary at the present day. On the other hand, the points in which species differ from other species of the same genus are called specific characters; and as these specific characters have varied and come to differ since the period when the species branched off from a common progenitor, it is probable that they should still often be in some degree variable—at least more variable than those parts of the organisation which have for a very long period remained constant.

Según la teoría ordinaria de que cada especie ha sido creada independientemente, ¿por qué la parte del organismo que difiere de la misma parte de otras especies creadas independientemente tendría que ser más variable que aquellas partes que son muy semejantes en las diversas especies? No veo que pueda darse explicación alguna. Pero, según la teoría de que las especies son solamente variedades muy señaladas y determinadas, podemos esperar encontrarlas con frecuencia variando todavía en aquellas partes de su organización que han variado en un período bastante reciente y que de este modo han llegado a diferir. O, para exponer el caso de otra manera: los puntos en que todas las especies del género se asemejan entre sí y en que difieren de los géneros próximos se llaman caracteres genéricos, y estos caracteres se pueden atribuir a herencia de un antepasado común, pues rara vez puede haber ocurrido que la selección natural haya modificado exactamente de la misma manera varias especies distintas adaptadas a costumbres más o menos diferentes; y como estos caracteres, llamados genéricos, han sido heredados antes del período en que las diversas especies se separaron de su antepasado común, y, por consiguiente, no han variado o llegado a diferir en grado alguno, o sólo en pequeño grado, no es probable que varíen actualmente. Por el contrario, los puntos en que unas especies difieren de otras del mismo género se llaman caracteres específicos; y como estos caracteres específicos han variado y llegado a diferir desde el período en que las especies se separaron del antepasado común, es probable que con frecuencia sean todavía variables en algún grado; por lo menos, más variables que aquellas partes del organismo que han permanecido constantes durante un período larguísimo.

A cuyas preguntas y afirmaciones gustosamente contestaríamos:

1. Según la teoría ordinaria de que cada especie ha sido creada independientemente, ¿por qué la parte del organismo que difiere de la misma parte de otras especies creadas independientemente tendría que ser más variable que aquellas partes que son muy semejantes en las diversas especies?

A veces tendría que ser más variable la parte que más difiere por su mayor complejidad. Las partes más semejantes entre diversas especies son más sencillas y esto permite menor variación.

2. O, para exponer el caso de otra manera: los puntos en que todas las especies del género se asemejan entre sí y en que difieren de los géneros próximos se llaman caracteres genéricos, y estos caracteres se pueden atribuir a herencia de un antepasado común...

Efectivamente, se pueden atribuir a herencia de un antepasado común, pero para ello es necesario demostrar antes la existencia de ese antepasado común.

3. Por el contrario, los puntos en que unas especies difieren de otras del mismo género se llaman caracteres específicos; y como

estos caracteres específicos han variado y llegado a diferir desde el período en que las especies se separaron del antepasado común, es probable que con frecuencia sean todavía variables en algún grado; por lo menos, más variables que aquellas partes del organismo que han permanecido constantes durante un período larguísimo.

Sí, pero no basta con decir que algo es probable. Para admitirlo debemos demostrarlo. Algo que el autor no está dispuesto a hacer. Así más adelante volvemos a leer:

> *This relation has a clear meaning on my view: I look at all the species of the same genus as having as certainly descended from the same progenitor, as have the two sexes of any one species.*

Esta explicación tiene una significación clara dentro de mi teoría: considero todas las especies de un mismo género como descendientes tan indudables de un antepasado común como lo son los dos sexos de una especie.

Afirmaciones que entran en contraste con las siguientes, expresadas sólo unos párrafos después:

> *As, however, we do not know the common ancestor of any natural group, we cannot distinguish between reversionary and analogous characters. If, for instance, we did not know that the parent rock-pigeon was not feather-footed or turn-crowned, we could not have told, whether such characters in our domestic breeds were reversions or only analogous variations; but we might have inferred that the blue colour was a case of reversion from the number of the markings, which are correlated with this tint, and which would not probably have all appeared together from simple variation.*

Sin embargo, como no conocemos el antepasado común de ningún grupo natural, no podemos distinguir los caracteres debidos a variación análoga y los debidos a reversión. Si no supiésemos, por ejemplo, que la paloma silvestre, progenitora de las palomas domésticas, no tiene plumas en las pies ni plumas vueltas en la cabeza, no podríamos haber dicho si estos caracteres, en las razas domésticas, eran reversiones o solamente variaciones análogas; pero podríamos haber inferido que el color azul era un caso de reversión, por las numerosas señales relacionadas con este color, que probablemente no hubiesen aparecido todas juntas por simple variación.

4. Los argumentos

Hemos llegado a un capítulo clave en el análisis de OSMNS a la luz de la nueva retórica: El estudio de su argumentación.

Los argumentos son herramientas dialécticas para convencer a un auditorio de algo de manera que, antes de analizar los argumentos de una obra, resulta adecuado preguntarse: ¿De qué nos quiere convencer el autor? Intentaremos responder a esta pregunta antes de analizar y poner ejemplos de los principales tipos de argumentos encontrados en OSMNS.

Comencemos entonces por la pregunta: ¿De qué nos quiere convencer el autor? La respuesta es difícil tanto por la ambigüedad que preside la obra como por la imprecisión de su lenguaje, de modo que, antes de nada, interesa darse cuenta de la diferencia que existe entre "persuadir" y "convencer". "Convencer" implica a la razón, "persuadir", a la autoridad. Cuando los argumentos son insuficientes o confusos cabe la posibilidad de que la finalidad de una obra no sea convencer, sino persuadir. Si por otra parte, como hemos visto a lo largo de los capítulos anteriores, nos encontramos ante una obra parcial, ideológica, parece más apropiado el uso del término "persuadir" que el de "convencer". Hasta el momento presente no hemos encontrado una finalidad científica ni educativa en OSMNS, de modo que, entre las que eran para Cicerón las tres finalidades del discurso: *Docere, Movere, Delectare*, descartando el puro entretenimiento (*Delectare*) la suya es la segunda: *Movere*, es decir conmover, emocionar, alterar la estructura y la dinámica psicológica del lector. A tal fin, OSMNS comparte caracteres esenciales con la épica, entre los que ya habíamos descrito la energía en la descripción de la lucha, la genealogía presente en su única figura y la insistencia en esa figura tan propia de la épica que es la del antepasado común (Cervantes y Pérez Galicia, 2015). Tampoco faltan en OSMNS alusiones a los caballos que, junto con las espadas, son elementos- clave en la construcción de un relato épico (Mortara Garavelli, 2000). La palabra "horse", caballo, aparece en setenta y siete ocasiones a lo largo de la obra. La palabra "*sword*", sólo aparece en una ocasión pero digna de mención:

> *The males of carnivorous animals are already well armed; though to them and to others, special means of defence may be given through means of sexual selection, as the mane of the lion, and the hooked jaw to the male salmon; for the shield may be as important for victory as the sword or spear.*

> Los machos de los carnívoros están siempre bien armados, aun cuando a ellos y a otros pueden ser dados medios especiales de defensa mediante la selección natural, como la melena del león o la mandíbula ganchuda del salmón macho, pues tan importante puede ser para la victoria el escudo como la espada o la lanza.

No es OSMNS obra que aporte nuevas teorías ni puntos de vista originales sobre la naturaleza, menos aún resultados experimentales. Quien busque entre sus páginas descripciones de los experimentos que Darwin hizo encontrará muy pocas, incompletas y sin relación con el tema objeto del libro, pero no se trata de aportar nuevos datos sobre un paradigma establecido, sino de cambiar el paradigma en su base. Conducir al lector a una manera nueva de relacionarse con la naturaleza. Para expresarlo brevemente diríamos: El autor ha perdido el respeto a la naturaleza y pretende que el lector le siga en su camino sin rumbo.

Se trata de eliminar aquello que pueda resultar misterioso y reducirlo todo a un análisis trivial. Diríamos aquí algo semejante a la crítica de Macrobio sobre la secta de los Epicúreos: *Siempre se desvía de la verdad con el mismo error y considera ridículo todo cuanto ignora* (Raventós, 2005, p 24 y más adelante). En este sentido es Darwin un autor netamente epicúreo.

Nuestro análisis coincide plenamente con el de Hodge (1874) y nos lleva a afirmar que la obra tiene como finalidad la prohibición de considerar el diseño en el estudio de la naturaleza. Pero, como toda prohibición, esta sólo puede ser un efecto de la autoridad, el resultado de su capacidad de persuasión. Una conclusión que está en correspondencia con la gran cantidad de argumentos *ad hominem* y de autoridad, que se encuentran a lo largo de la obra. No olvidemos que sus primeros detractores detectaron que la obra era un truismo, una perogrullada, una enorme falacia inexplicable si no fuese por la autoridad de quienes la mantenían y apoyaban. Así ya veíamos arriba que Haughton indicaba:

> *This speculation of Mess. Darwin and Wallace would not be worthy of note were it not for the weight of authority of the names under whose auspices it has been brought forward. If it means what it says, it is a truism; if it means anything more, it is contrary to fact.*

> Esta especulación delos Sres Darwin y Wallace no merecería mención si no fuera por el peso de la autoridad de los nombres bajo cuyos auspicios ha surgido. Si significa lo que dice, es un truismo; si significa cualquier otra cosa, entonces es contrario a los hechos.

Exacto, Dr. Haughton, siempre sobreviven los más aptos, pero esto no explica nada. Tan sólo es un punto de vista que parece interesar al poder, que lo mantiene mediante el empleo abundante de un lenguaje consistente en múltiples argumentos de autoridad, argumentos cuasi-lógicos, personificaciones abundantes, peticiones de principio e innumerables falacias, alterando las anécdotas más irrelevantes con párrafos violentos dedicados a la lucha y a la competición.

Veamos ejemplos de todo ello, comenzando por los argumentos de autoridad.

4.1. Argumentos de autoridad

Un ejemplo de argumento de autoridad, a veces llamado *ad verecundiam* (por miedo al castigo de la vara, por la vara o por la autoridad de la vara) es este del capítulo IX:

> *With respect to plants, to which on account of Nägeli's essay I shall confine myself in the following remarks, it will be admitted that the flowers of the orchids present a multitude of curious structures, which a few years ago would have been considered as mere morphological differences without any special function; but they are now known to be of the highest importance for the fertilisation of the species through the aid of insects, and have probably been gained through natural selection.*

Por lo que se refiere a las plantas -respecto de las cuales, teniendo en cuenta la memoria de Nägeli, me limitaré a las siguientes observaciones-, se admitirá que las flores de las orquídeas presentan multitud de conformaciones curiosas, que hace algunos años se habrían considerado como simples diferencias morfológicas sin función alguna especial, pero actualmente se sabe que son de la mayor importancia para la fecundación de la especie, con ayuda de los insectos, y que probablemente han sido conseguidas por selección natural.

En primer lugar, el nombre de Nageli sirve aquí para defender todo el argumento (quien se oponga a cualquier cosa aquí dicha se opone a Nageli) y a continuación se introducen gradualmente la variación de las orquídeas y la selección natural, como si todo lo anterior viniese a apoyar a esta última. Por arte de la retórica, Nageli y la variación de las orquídeas vienen así felizmente a demostrar la selección natural en una estructura progresiva basada en un argumento de autoridad que se encuentra en numerosas ocasiones a lo largo de la obra.

Otro argumento de autoridad más explícito se encuentra en la sección titulada *Doubtful species* al principio del capítulo 2:

> *Hence, in determining whether a form should be ranked as a species or a variety, the opinion of naturalists having sound judgment and wide experience seems the only guide to follow. We must, however, in many cases, decide by a majority of naturalists, for few well-marked and well-known varieties can be named which have not been ranked as species by at least some competent judges.*

De aquí que, al determinar si una forma ha de ser clasificada como especie o como variedad, la opinión de los naturalistas de buen juicio y amplia experiencia parece la única guía que seguir. En muchos casos, sin embargo, tenemos que decidir por mayoría de naturalistas, pues pocas variedades bien conocidas y caracterizadas pueden mencionarse que no hayan sido clasificadas como especies, a lo menos por algunos jueces competentes.

De modo que tomamos como criterio principal para distinguir especies y variedades la opinión de los naturalistas de buen juicio y amplia experiencia, es decir respetamos la autoridad olvidando cualquier criterio científico. En casos de duda está permitido acudir también a una mayoría. ¿Qué sería del progreso, qué sería del conocimiento con estos fundamentos?

Otro argumento de autoridad, algo más taimado, es este en el que el autor se apoya de manera un tanto forzada en la autoridad de de Candolle, Lyell y el reverendo W. Herbert, *Dean* of Manchester:

> *The elder De Candolle and Lyell have largely and philosophically shown that all organic beings are exposed to severe competition. In regard to plants, no one has treated this subject with more spirit and ability than W. Herbert, Dean of Manchester, evidently the result of his great horticultural knowledge.*

> Aug. P. de Candolle y Lyell han expuesto amplia y filosóficamente que todos los seres orgánicos están sujetos a rigurosa competencia. Por lo que se refiere a las plantas, nadie ha tratado este asunto con mayor energía y capacidad que W. Herbert, deán de Manchester; lo que, evidentemente, es resultado de su gran conocimiento en horticultura.

El autor de una obra que pretende ser científica nunca reconocerá abiertamente que su intención es imponer su autoridad, pero el análisis retórico lo ha desenmascarado. Obligado a ocultar su verdadera finalidad, el autor no pretende convencer de nada sino persuadir, obligar a sus lectores a mantener la creencia en la ausencia de diseño en la naturaleza. Para imponer su autoridad y efectuar esta gran tarea de persuasión, es necesario generar gran confusión. Por ello la obra carece de principios, selecciona cuidadosamente los hechos y confunde reiteradamente los principios con los hechos y con los argumentos. Asimismo, la necesidad de imponer su autoridad es la base para la abundancia de contradicciones y ambigüedades. Como consecuencia de todo ello, conduce y obliga al lector a compartir con el autor una serie de errores cuya combinación da lugar a un jardín de argumentos entremezclados con pseudo-razonamientos.

4.2. Argumentos cuasi-lógicos: simetría y transitividad

El primer capítulo establece un modelo erróneo: La granja no produce especies. Sí que produce variedades, pero las variedades no son especies. Empero, este es un error instrumental para poder asentar sobre él el error fundamental: Es en la granja donde confundiremos selección con mejora. Como consecuencia se establece una primera simetría: Las variedades son especies incipientes, o mejor dicho, no hay diferencia entre variedades y especies. Por ser el cambio entre variedades gradual, continuo, entonces también entre especies el cambio ha de ser gradual. Que el cambio es gradual aparecerá a menudo en la obra (pero también aparecerán, cuando sea necesario, afirmaciones contrarias como hemos visto al final de la sección 5.1 y en la 7.3).

El capítulo 2 contiene una visión miope de la naturaleza dirigida a mostrar que las especies son igual que las variedades, base argumental de la obra, y así poder justificar y dar pie a los errores anteriormente indicados. En resumen, entre los capítulos 1 y 2 se imponen unas durísimas condiciones de partida para OSMNS. Mantenerlas hace necesario un tono autoritario como el que se da en el capítulo 3, como quedó reflejado antes (ver sección primera, capítulo 3). La autoridad no sólo permite la contradicción, sino que la contradicción es necesaria para mantener la autoridad.

Cada una de las premisas erróneas estudiadas en el apartado anterior se encuentra en la base de sendos argumentos que permiten obtener una serie de conclusiones libres de todo razonamiento y coherencia. El tránsito es directo desde la premisa hasta la conclusión sin necesidad de razonamiento. Veamos:

Premisa errónea 1: Las especies son variedades. Conclusión errónea inmediata 1: El origen de las especies es igual que el origen de las variedades. Tiene lugar por acumulación gradual de cambios. Conclusión errónea inmediata 2: Es posible estudiar el origen de las especies en una granja. Fíjense que, en consecuencia, todo el libro se convierte en un truismo como decía Samuel Haughton, un enorme engranaje verbal circular sin finalidad ni objetivo alguno, al que basándonos en el análisis de Richard Lewontin habíamos denominado como *La máquina incapaz de distinguir* (Cervantes, 2011b; Cervantes, 2012a) .

Así tenemos ya al final de la obra:

> *On the view that species are only strongly marked and permanent varieties, and that each species first existed as a variety, we can see why it is that no line of demarcation can be drawn between species, commonly supposed to have been produced by special acts of creation, and varieties which are acknowledged to have been produced by secondary laws. On this same view we can understand how it is that in a region where many species of a genus have been produced, and where they now flourish, these same species should present many varieties; for where the manufactory of species has been active, we might expect, as a general rule, to find it still in action; and this is the case if varieties be incipient species.*

Dentro de la teoría de que las especies son sólo variedades muy señaladas y permanentes, y de que cada especie existió primero como variedad, podemos comprender por qué no se puede trazar una línea de demarcación entre las especies, que se supone generalmente que han sido producidas por actos especiales de creación, y las variedades, que se sabe que lo han sido por leyes secundarias. Según esta misma teoría, podemos comprender cómo es que en una región en la que se han producido muchas especies de un género, y donde éstas florecen actualmente, estas mismas especies tienen que presentar muchas variedades; pues donde la fabricación de especies ha sido activa hemos de esperar, por regla general, encontrarla todavía en actividad, y así ocurre si las variedades son especies incipientes.

Párrafo que, mediante una retorsión ejemplar, o autofagia, enlaza con este otro del final de la introducción. Ambos vienen a decir lo mismo demostrando la ausencia total de progresión alguna, consecuencia de la ausencia de razonamiento a lo largo de toda la obra:

> *Although much remains obscure, and will long remain obscure, I can entertain no doubt, after the most deliberate study and dispassionate judgment of which I am capable, that the view which most naturalists until recently entertained, and which I formerly entertained—namely, that each species has been independently created—is erroneous. I am fully convinced that species are not immutable; but that those belonging to what are called the same genera are lineal descendants of some other and generally extinct species, in the same manner as the acknowledged varieties of any one species are the descendants of that species. Furthermore, I am convinced that natural selection has been the most important, but not the exclusive, means of modification.*

Aunque mucho permanece y permanecerá largo tiempo obscuro, no puedo, después del más reflexionado estudio y desapasionado juicio de que soy capaz, abrigar duda alguna de que la opinión que la mayor parte de los naturalistas mantuvieron hasta hace poco, y que yo mantuve anteriormente -o sea que cada especie ha sido creada independientemente-, es errónea. Estoy completamente convencido de que las especies no son inmutables y de que las que pertenecen a lo que se llama el mismo género son descendientes directos de alguna otra especie, generalmente extinguida, de la misma manera que las variedades reconocidas de una especie son los descendientes de ésta. Además, estoy convencido de que la selección natural ha sido el medio más importante, pero no el único, de modificación.

Este final de la introducción, que está en abierta contradicción, como indicábamos, con lo escrito unas páginas antes en el *Historical Sketch*, nos da las bases para explicar varias cosas a cual más importante en relación con el fundamento de esta obra. En primer lugar observamos cierta descortesía con el Método Científico:

> Estoy completamente convencido de que las especies no son inmutables y de que las que pertenecen a lo que se llama el mismo género son descendientes directos de alguna otra especie, generalmente extinguida, de la misma manera que las variedades reconocidas de una especie son los descendientes de ésta.

El autor está *completamente convencido de que las especies no son inmutables*. De acuerdo. Pero: ¿Tiene alguna prueba para apoyar sus convicciones? Y si la tiene, ¿por qué no la presenta en algún momento en su obra? Por otra parte: ¿conoce el autor a alguien que mantenga la opinión opuesta, es decir que crea que las especies son inmutables?, ¿desde cuando trata la ciencia de las convicciones particulares de cada uno? Viene a decir: ...de la misma manera que las variedades de una especie descienden de esta, así descienden unas de otras las especies de un género. El cambio es, por lo tanto, gradual. Pero, entonces: ¿cuándo se establece la barrera reproductiva característica de la especie?

Careciendo de prueba alguna de que el cambio gradual de lugar a las especies, no obstante vemos constituida la premisa 2:

Premisa errónea 2: El cambio es gradual. Conclusión errónea: hay que ocultar o disimular algunos casos en los que el cambio no sea gradual

Ya hemos visto que el autor mantiene a la vez que el cambio es gradual y que no lo es. Así veíamos al comentar el resumen de los capítulos sobre Geología (capítulos IX y X) en donde se habían deslizado unos párrafos algo confusos al parecer inspirados directamente en la obra de Pierre Trémaux (Wilkins and Nelson, 2008), quien proponía largos periodos de estabilidad seguidos de periodos más breves de cambio súbito (ver el final de la sección 5.1). En aquellos casos en que la evidencia sea aplastante, tales como en el registro fósil, surgirán argumentos inesperados tales como el de la imperfección. La naturaleza no se ajusta a mis expectativas, *ergo* la naturaleza es imperfecta, viene a decir el autor en un ejemplo de oclusión mental o anti-razonamiento. La máquina incapaz de distinguir continúa con su tarea de generar confusión acumulando contradicciones. En retórica se conoce este mecanismo como superación. Ya hemos visto antes la autofagia, pero en retórica todo es posible y la autofagia no siempre es el fin. La autofagia puede dar lugar a resultados brillantes, al menos en apariencia. La superación de la autofagia es resurgir algo de sus propias cenizas, como el Ave Fénix. Vemos más ejemplos al analizar las conclusiones inmediatas de la tercera premisa errónea: *El antepasado común.*

El cuento del antepasado común da juego para malabarismos mentales que en el capítulo 14 adquieren un aspecto asombroso. En él leemos:

I further attempted to show that from the varying descendants of each species trying to occupy as many and as different places as possible in the economy of nature, they constantly tend to diverge in character. This latter conclusion is supported by observing the great diversity of forms, which, in any small area, come into the closest competition, and by certain facts in naturalisation.

Procuré además demostrar que, como los descendientes que varían de cada especie procuran ocupar los más puestos posibles y los más diferentes en la economía de la naturaleza, tienden constantemente a divergir en sus caracteres. Esta última conclusión se apoya en la observación de la gran diversidad de formas que dentro de cualquier pequeña región entran en íntima competencia y en ciertos hechos de naturalización.

Párrafo que leído de forma retrospectiva nos sumerge en los abismos de la contradicción, de la imposibilidad de un lenguaje sin significado:

La gran diversidad de formas de cualquier pequeña región muestra que los descendientes que varían de cada especie procuran ocupar los más puestos posibles y los más diferentes en la economía de la naturaleza.

Éste es, de nuevo, un caso de retorsión: La naturaleza es variada, porque el antepasado común ha dado productos variados y, en general, todo lo que vemos es consecuencia de lo que queremos ver. El libro no sólo carece de originalidad sino que, mediante este conjunto cerrado de argumentos, elimina toda posible novedad.

Pero no hay por qué preocuparse, porque el autor no pretende haber demostrado nada; como humildemente indica, simplemente ha procurado, o querido, demostrar. Evidentemente sin éxito. O con un gran éxito según se mire, porque para él, desde su punto de vista autoritario, es lo mismo demostrar que querer o procurar demostrar. El autor lleva la retorsión a extremos personales presentándose a sí mismo como ejemplo de humildad y paradigma de autoridad al mismo tiempo. Con la autoridad no rigen los principios de la ciencia y uno puede procurar demostrar, querer demostrar o demostrar algo, que en definitiva todo viene a ser lo mismo puesto que lo único importante es su posición en la jerarquía social. Pero la Ciencia no funciona así: se exigen pruebas a quien pretende demostrar algo y siempre existe la obligación de ser humilde.

Encontramos así los pseudo-argumentos que ya nos son familiares:

> *I believe that this is the case, and that community of descent—the one known cause of close similarity in organic beings—is the bond, which, though observed by various degrees of modification, is partially revealed to us by our classifications.*

> Creo yo que así es, y que la comunidad de descendencia -única causa conocida de estrecha semejanza en los seres orgánicos- es el lazo que, si bien observado en diferentes grados de modificación, nos revelan, en parte, nuestras clasificaciones.

Confundiendo aquí una vez más parecido con parentesco. O este otro al comienzo del capítulo 2 basado en la combinación de una falacia *ad populum*:

> *Individuals of the same species often present, as is known to every one, great differences of structure, independently of variation, as in the two sexes of various animals, in the two or three castes of sterile females or workers among insects, and in the immature and larval states of many of the lower animals.*

> Como todo el mundo sabe, los individuos de la misma especie presentan muchas veces, independientemente de la variación,

grandes diferencias de conformación, como ocurre en los dos sexos de diversos animales, en las dos o tres clases de hembras estériles u obreras en los insectos, y en los estados joven y larvario de muchos de los animales inferiores.

Con una falacia *ad ignorantiam,* en la que el desconocimiento de algo apunta ventajosamente en la dirección deseada:

> *Although in most of these cases, the two or three forms, both with animals and plants, are not now connected by intermediate gradations, it is possible that they were once thus connected.*

> Aunque en la mayor parte de estos casos las dos o tres formas, tanto en los animales como en los vegetales, no están hoy unidas por gradaciones intermedias, es probable que en otro tiempo estuviesen unidas de este modo.

Pero el no saber cómo son las cosas no nos permite deducir que las cosas son como nosotros queremos. Esto sólo ocurre siempre y cuando, como decía Haughton, la autoridad esté de nuestro lado.

4.3. Argumentos basados en la personificación

Los argumentos basados en la personificación proliferan y en su seno veíamos surgir las figuras de la interrogación retórica, la aposiopesis, aliteraciones, detallamientos, congeries, etc. haciendo del capítulo 4 *el corazón del darwinismo que bombea confusión a todos los rincones de la obra* (Cervantes y Pérez Galicia, 2015). *El Origen de las Especies* se convierte ante nuestros ojos en Origen de la Gran Confusión en el estudio de la Evolución (Cervantes, 2011b, 2012b). Su único principio o premisa es, a la vez, única finalidad y consiste en la prohibición del diseño en la naturaleza. Pero al no poder ésta ser la conclusión de la observación de la naturaleza ni de argumentación alguna, ha de ser, por el contrario, idea impuesta por la autoridad, que, para mantenerla, se permite todo género de ambigüedad y contradicción. Y es que ésa es la labor del libro y de su protagonista: la selección natural viene a borrar la idea de diseño generando a cambio confusión.

La idea central de OSMNS, el núcleo que emana toda la confusión en esta poderosa máquina incapaz de distinguir se encuentra condensada en el título del capítulo cuarto: *La Selección Natural o la Supervivencia de los más Aptos*. Si creemos, porque de creer se trata y no de otra cosa, que la expresión *Selección Natural* significa algo, entonces tendremos que creer también en muchas otras cosas, pero la base de todas ellas y el fundamento de nuestra fe, es la selección natural, que no existe.

Superado ese primer paso, y para reafirmar nuestra fe hemos de dar un segundo paso igualando a la selección natural con la supervivencia de los más aptos. En realidad son expresiones iguales, puesto que ninguna de ellas tiene significado ni valor alguno. Pero hemos de creer en ellas, en su existencia y en su papel como fundamento de la naturaleza. Si creemos en ellas entonces podremos atribuirles acciones tan diversas como deseemos. En OSMNS encontramos unos cuantos ejemplos:

1. La selección natural se apodera de las variaciones favorables:

But it is a far more important consideration, that during the process of further modification, by which two varieties are supposed to be converted and perfected into two distinct species, the two which exist in larger numbers, from inhabiting larger areas, will have a great advantage over the intermediate variety, which exists in smaller numbers in a narrow and intermediate zone. For forms existing in larger numbers will have a better chance, within any given period, of presenting further favourable variations for natural selection to seize on, than will the rarer forms which exist in lesser numbers.

Pero es una consideración mucho más importante el que, durante el proceso de modificación posterior, por el que se supone que dos variedades se transforman y perfeccionan hasta constituir dos especies distintas, las dos que tienen número mayor de individuos por vivir en regiones mayores, llevarán una gran ventaja sobre las variedades intermedias que tienen un menor número de individuos en una zona menor e intermedia. En un período dado, las formas con mayor número tendrán más probabilidades de presentar nuevas variaciones favorables para que se apodere de ellas la selección natural, que las formas más raras, que tienen menos individuos.

2. La selección natural perfecciona a los animales:

When we see any structure highly perfected for any particular habit, as the wings of a bird for flight, we should bear in mind that animals displaying early transitional grades of the structure will seldom have survived to the present day, for they will have been supplanted by their successors, which were gradually rendered more perfect through natural selection.

Cuando vemos una estructura sumamente perfeccionada para una costumbre particular, como las alas de un ave para el vuelo, hemos de tener presente que raras veces habrán sobrevivido hasta hoy día animales que muestren los primeros grados de transición, pues habrán sido suplantados por sus sucesores, que gradualmente se fueron volviendo más perfectos mediante la selección natural.

3. La selección natural adapta a la estructura del animal a sus costumbres:

In either case it would be easy for natural selection to adapt the structure of the animal to its changed habits, or exclusively to one of its several habits.

En ambos casos sería fácil a la selección natural adaptar la estructura del animal a sus nuevas costumbres o exclusivamente a una de sus diferentes costumbres.

4. La selección natural puede convertir un sencillo aparato en un instrumento óptico tan perfecto como el que poseen todos los miembros de la clase de los articulados:

When we reflect on these facts, here given much too briefly, with respect to the wide, diversified, and graduated range of structure in the eyes of the lower animals; and when we bear in mind how small the number of all living forms must be in comparison with those which have become extinct, the difficulty ceases to be very great in believing that natural selection may have converted the simple apparatus of an optic nerve, coated with pigment and invested by transparent membrane, into an optical instrument as perfect as is possessed by any member of the Articulata class.

Cuando reflexionamos sobre estos hechos, expuestos aquí demasiado brevemente, relativos a la extensión, diversidad y gradación de la estructura de los ojos de los animales inferiores, y cuando tenemos presente lo pequeño que debe ser el número de formas vivientes en comparación con las que se han extinguido, entonces deja de ser muy grande la dificultad de creer que la selección natural puede haber convertido un sencillo aparato, formado por un nervio vestido de pigmento y cubierto al exterior por una membrana transparente, en un instrumento óptico tan perfecto como el que poseen todos los miembros de la clase de los articulados.

5. La selección natural acecha y conserva cuidadosamente las variaciones y entresaca todo perfeccionamiento:

Further we must suppose that there is a power, represented by natural selection or the survival of the fittest, always intently watching each slight alteration in the transparent layers; and carefully preserving each which, under varied circumstances, in any way or degree, tends to produce a distincter image. We must suppose each new state of the instrument to be multiplied by the million; each to be preserved until a better is produced, and then the old ones to be all destroyed. In living bodies, variation will cause the slight alteration, generation will multiply them almost infinitely, and natural selection will pick out with unerring skill each improvement.

Además tenemos que suponer que existe una fuerza representada por la selección natural, o supervivencia de los más adecuados, que acecha atenta y constantemente, toda ligera variación en las capas transparentes y conserva cuidadosamente aquellas que en las diversas circunstancias tienden a producir, de algún modo o en algún grado, una imagen más clara. Tenemos que suponer que cada nuevo estado del instrumento se multiplica por un millón, y se conserva hasta que se produce otro mejor, siendo entonces destruidos los antiguos. En los cuerpos vivientes, la variación producirá las ligeras modificaciones, la generación las multiplicará casi hasta el infinito y la selección natural entresacará con infalible destreza todo perfeccionamiento.

6. La selección natural trabaja por el bien de cada ser y sacando ventaja de todas las variaciones favorables:

As two men have sometimes independently hit on the same invention, so in the several foregoing cases it appears that natural selection, working for the good of each being, and taking advantage of all favourable variations, has produced similar organs, as far as function is concerned, in distinct organic beings, which owe none of their structure in common to inheritance from a common progenitor.

Así como algunas veces dos hombres han llegado independientemente al mismo invento, así también, en los diferentes casos precedentes, parece que la selección natural, trabajando por el bien de cada ser y sacando ventaja de todas las variaciones favorables, ha producido, en seres orgánicos distintos, órganos semejantes, por lo que se refiere a la función, los cuales no deben nada de su estructura común a la herencia de un común antepasado.

7. La selección natural obra aprovechando pequeñas variaciones:

On the theory of natural selection, we can clearly understand why she should not; for natural selection acts only by taking advantage of slight successive variations; she can never take a great and sudden leap, but must advance by the short and sure, though slow steps.

Según la teoría de la selección natural, podemos comprender claramente por qué no lo hace, pues la selección natural obra solamente aprovechando pequeñas variaciones sucesivas; no puede dar nunca un gran salto brusco, sino que tiene que adelantar por pasos pequeños y seguros, aunque sean lentos.

8. La selección natural obra mediante la vida y la muerte:

As natural selection acts by life and death, by the survival of the fittest, and by the destruction of the less well-fitted individuals, I have sometimes felt great difficulty in understanding the origin or formation of parts of little importance; almost as great, though of a very different kind, as in the case of the most perfect and complex organs.

Como la selección natural obra mediante la vida y la muerte - mediante la supervivencia de los individuos más adecuados y la destrucción de los menos adecuados-, he encontrado algunas veces gran dificultad en comprender el origen o formación de partes de poca importancia; dificultad casi tan grande, aunque de naturaleza muy diferente, como la que existe en el caso de los órganos más perfectos y complejos.

9. La selección natural produce estructuras para perjuicio de otros animales:

But natural selection can and does often produce structures for the direct injury of other animals, as we see in the fang of the adder, and in the ovipositor of the ichneumon, by which its eggs are deposited in the living bodies of other insects.

Pero la selección natural puede producir, y produce con frecuencia estructuras para perjuicio directo de otros animales, como vemos en los dientes de la víbora y en el oviscapto del icneumón, mediante el cual deposita sus huevos en el cuerpo de otros insectos vivos.

10. La selección natural obra mediante la competencia:

In each well-stocked country natural selection acts through the competition of the inhabitants and consequently leads to success in the battle for life, only in accordance with the standard of that particular country.

En todo país bien poblado, la selección natural obra mediante la competencia de los habitantes, y, por consiguiente, lleva a la victoria en la lucha por la vida sólo ajustándose al tipo de perfección de cada país determinado.

Nos basta por ahora con estos ejemplos tomados del capítulo sexto, precisamente aquel que se nos presentaba con el título *Dificultades de la teoría.* Quien consulte las obras publicadas desde Darwin comprenderá que una lista exahustiva es ya casi imposible. ¿Qué otras dificultades añadidas puede tener una teoría que consiste precisamente en creer en algo que no existe? Quien tuviese la más mínima duda al respecto, en éste mismo capítulo sexto encontrará la clave para responder a todas esas dificultades:

He who believes in the struggle for existence and in the principle of natural selection, will acknowledge that every organic being is constantly endeavouring to increase in numbers; and that if any one being varies ever so little, either in habits or structure, and thus gains an advantage over some other inhabitant of the same country, it will seize on the place of that inhabitant, however different that may be from its own place.

Quien crea en la lucha por la existencia y el principio de la selección natural, sabrá que todo ser orgánico se está esforzando continuamente por aumentar en número de individuos, y que si un ser cualquiera varía, aunque sea muy poco, en costumbres o conformación, y obtiene de este modo ventaja sobre otros que habitan en el mismo país, se apropiará el puesto de estos habitantes, por diferente que éste pueda ser de su propio puesto.

Efectivamente quien crea en todo esto y en aquello, quien crea en la selección natural y en la supervivencia de los más aptos será miembro de la secta darwinista, verá la luz y todos sus caminos se allanarán a su paso.

5. Los razonamientos

En un razonamiento distinguimos las premisas (P) y las conclusiones (C). El razonamiento puede fallar por P, por C o por ambas. Además, siendo las premisas correctas el razonamiento puede ser incorrecto por una combinación inadecuada de las mismas. Así, tenemos dificultades en los razonamientos por varios motivos: 1) premisas falsas, 2) combinaciones impertinentes. 3) conclusiones incorrectas, es decir, que la información dada en las premisas, aunque sea correcta, no permite deducir de ella el contenido de las conclusiones.

En OSMNS abundan los razonamientos circulares. Como el autor no se ha tomado la molestia de analizar bien los hechos, es incapaz de distinguir entre el hecho, el dato primario y la hipótesis, producto de su elaboración. Así, encontramos gran abundancia de falsos razonamientos, es decir secuencias de frases con apariencia de razonamiento pero que, bajo un análisis un poco cuidadoso revelan serios problemas. Son ejemplos clásicos de pseudo-razonamiento, tautología o petición de principio.

5.1. Tautología o petición de principio

Siguiendo a Aristóteles, Perelman y Olbrecht-Tyteca definen la petición de principio como postular lo que se quiere probar. En este caso el razonamiento falla simultáneamente en sus premisas y en sus conclusiones puesto que se han mezclado o confundido ambas. Esto es algo habitual en OSMNS y nos ha llevado a tratar ya en el apartado de los argumentos los casos de autofagia y superación y a mencionar aquellos ejemplos que tan próximos se encuentran de la tautología, argumentación típica en OSMNS. Sobre la petición de principio ver también Gambra y Oriol (2015).

La tautología consiste en postular aquello que se desea probar. La conclusión viene dada directamente en las premisas. Recordaremos brevemente nuestro asombro al analizar el capítulo 4 titulado *La selección natural o la supervivencia de los más aptos*. Un error fundamental (confusión de selección con mejora), visible como metonimia había dado lugar a acuñar la expresión *Selección Natural* que es una contradicción (oxímoron) y que se pretende sostener mediante una definición tautológica. Así en el propio título del capítulo 4 veíamos la equivalencia:

Selección Natural (oxímoron)=Supervivencia de los más aptos (pleonasmo)

Que establece una simetría expresada mediante tres figuras retóricas (metonimia, oxímoron, pleonasmo) que representan la parte visible de tres errores conceptuales: La metonimia expresa la confusión de selección con mejora, la parte con el todo; el oxímoron resulta de la unión del sustantivo selección, que denota un proceso artificial con el atributo "natural" y el pleonasmo es la expresión de una tautología (Los más aptos son única y exclusivamente los que sobreviven). El conjunto sólo puede mantenerse mediante nuevos errores visibles en nuevas figuras retóricas. Surgía así la prosopopeya, personificación que ya había indicado Flourens (Cervantes, 2013), quien se refería a ella como *intolerable modo de hablar propio de los autores del XVIII*, y que, en nuestro análisis, veíamos surgir como motor del capítulo al conferir a la selección natural todo un elenco de capacidades y acciones (Cervantes y Pérez Galicia, 2015; ver sección 4.3 en el apartado anterior).

Una vez establecida la capacidad de la selección natural para hacer cualquier cosa y admitido que todo puede explicarse mediante ese dipolo *selección natural-supervivencia del más apto*, entonces basta con ordenar las frases en el sentido más conveniente. Las conclusiones pueden perfectamente ir en la premisa y la premisa entre las conclusiones. Encontramos numerosos ejemplos de este razonamiento circular en El Origen de las Especies. Así en el siguiente fragmento:

> *Each of the endless variations which we see in the plumage of our fowls must have had some efficient cause; and if the same cause were to act uniformly during a long series of generations on many individuals, all probably would be modified in the same manner.*

> Cada una de las infinitas variaciones que vemos en el plumaje de nuestras gallinas debe haber tenido alguna causa eficiente, y si la misma causa actuase uniformemente durante una larga serie de generaciones en muchos individuos, todos probablemente serían modificados de la misma manera.

No cabe la menor duda de que tal causa eficiente es la Selección Natural o la supervivencia de los más aptos. Al menos podrá serlo siempre que a la autoridad convenga.

También quedan las premisas y las conclusiones confundidas en el siguiente párrafo:

> *If species are only well-marked varieties, of which the characters have become in a high degree permanent, we can understand this fact; for they*

have already varied since they branched off from a common progenitor in certain characters, by which they have come to be specifically distinct from each other; therefore these same characters would be more likely again to vary than the generic characters which have been inherited without change for an immense period. It is inexplicable on the theory of creation why a part developed in a very unusual manner in one species alone of a genus, and therefore, as we may naturally infer, of great importance to that species, should be eminently liable to variation...

Si las especies son tan sólo variedades bien señaladas, cuyos caracteres se han vuelto muy permanentes, podemos comprender este hecho, pues desde que se separaron del antepasado común han variado ya en ciertos caracteres, por lo que han llegado a ser específicamente distintas unas de otras; por lo cual estos mismos caracteres tienen que ser todavía mucho más propensos a variar que los caracteres genéricos que han sido heredados sin modificación durante un período inmenso. Es inexplicable, dentro de la teoría de la creación, por qué un órgano se ha desarrollado de un modo extraordinario en una sola especie de un género -y por ello, según naturalmente podemos suponer, de gran importancia para esta especie- haya de estar sumamente sujeto a variación ...

Y más todavía:

If species be only well-marked and permanent varieties, we can at once see why their crossed offspring should follow the same complex laws in their degrees and kinds of resemblance to their parents—in being absorbed into each other by successive crosses, and in other such points—as do the crossed offspring of acknowledged varieties. This similarity would be a strange fact, if species had been independently created and varieties had been produced through secondary laws.

Si las especies son sólo variedades bien señaladas y permanentes, podemos inmediatamente comprender por qué sus descendientes híbridos han de seguir las mismas leyes que siguen los descendientes que resultan del cruzamiento de variedades reconocidas, en los grados y clases de semejanzas con sus progenitores, en ser absorbidas mutuamente mediante cruzamientos sucesivos, y en otros puntos análogos. Esta semejanza sería un hecho extraño si las especies hubiesen sido creadas independientemente y las variedades hubiesen sido producidas por leyes secundarias.

Con el fin de ocultar sus errores no sólo estará preparado el autor a admitir nuevos errores, sino que, a este fin, también construirá razonamientos circulares que contengan la conclusión antes que ninguna premisa, confundiendo Hecho-Premisa y Conclusión. Comenzaremos por ver el caso más sencillo en el que premisas erróneas conducen directamente a conclusiones equivocadas. Este ejemplo en medio de la obra puede ser ilustrativo a tal efecto:

As natural selection acts solely by the preservation of profitable modifications, each new form will tend in a fully-stocked country to take the place of, and finally to exterminate, its own less improved parent-form and other less-favoured forms with which it comes into competition. Thus extinction and natural selection go hand in hand. Hence, if we look at each species as descended from some unknown form, both the parent and all the transitional varieties will generally have been exterminated by the very process of the formation and perfection of the new form.

Como la selección natural obra solamente por la conservación de modificaciones útiles, toda forma nueva, en un país bien poblado, tenderá a suplantar, y finalmente a exterminar, a su propia forma madre, menos perfeccionada, y a otras formas menos favorecidas con las que entre en competencia. De este modo la extinción y la selección natural van de acuerdo. Por consiguiente, si consideramos cada especie como descendiente de alguna forma desconocida, tanto la forma madre como todas las variedades de transición habrán sido, en general, exterminadas precisamente por el mismo proceso de formación y perfeccionamiento de las nuevas formas.

181

Razonando a partir de premisas erróneas (*la selección natural obra solamente por la conservación de modificaciones útiles*) se obtienen conclusiones disparatadas (*toda forma nueva tenderá a suplantar, y finalmente a exterminar, a su propia forma madre, menos perfeccionada, y a otras formas menos favorecidas con las que entre en competencia*). Pero… ¿qué es una forma? Una forma es ahora la palabra que conviene cuando el autor no sabe de qué está hablando. No puede ser una especie ni una variedad puesto que madres e hijos pertenecen a la misma especie y a la misma variedad. Tampoco puede ser un carácter nuevo, puesto que un carácter no puede suplantar ni exterminar a otro carácter. Tampoco puede ser el individuo o el conjunto de individuos portadores de un carácter nuevo ya que un conjunto de individuos no extermina a otro.

Como el autor toma por premisa a lo largo de toda la obra la igualdad de variedades y especies, lo cual es un error, entonces razona que las leyes que gobiernan la formación de variedades son las mismas que gobiernan la formación de especies. Así vemos ya al final de la obra (Capítulo XV):

> *The complex and little known laws governing the production of varieties are the same, as far as we can judge, with the laws which have governed the production of distinct species. In both cases physical conditions seem to have produced some direct and definite effect, but how much we cannot say. Thus, when varieties enter any new station, they occasionally assume some of the characters proper to the species of that station.*

> Las leyes complejas y poco conocidas que rigen la producción de las variedades son las mismas, hasta donde podemos juzgar, que las leyes que ha seguido la producción de especies distintas. En ambos casos las condiciones físicas parecen haber producido algún efecto directo y definido, pero no podemos decir con qué intensidad. Así, cuando las variedades se introducen en una estación nueva, a las veces toman algunos de los caracteres propios de las especies de aquella estación.

182

¿Pero acaso la expresión *hasta donde podemos juzgar* no invalida todo el párrafo? Más aún: ¿cómo puede utilizar dicha expresión sin indicar ni un solo ejemplo?

5.2. Razonamiento a partir de premisas que pertenecen a distinto orden

Un problema en los razonamientos consiste en introducir elementos pertenecientes a órdenes diferentes en las premisas y en la conclusión. Así, a partir de una premisa que es una propuesta estética, no puede darse conclusión alguna; o bien todo puede concluirse:

> *We can to a certain extent understand how it is that there is so much beauty throughout nature; for this may be largely attributed to the agency of selection.*

> Podemos comprender, hasta cierto punto, por qué hay tanta belleza por toda la naturaleza, pues esto puede atribuirse, en gran parte, a la acción de la selección.

Dando lugar, a continuación, a todo tipo de desviaciones y fantasías semánticas que producen la admiración en los seguidores de este curioso idioma. Así, encontramos sentencias o combinaciones de sentencias sin sentido, por ejemplo:

> *As geology plainly proclaims that each land has undergone great physical changes, we might have expected to find that organic beings have varied*

under nature, in the same way as they have varied under domestication.
And if there has been any variability under nature, it would be an
unaccountable fact if natural selection had not come into play.

Como la Geología claramente proclama que todos los países
han sufrido grandes cambios físicos, podíamos haber esperado
encontrar que los seres orgánicos han variado en estado natural
del mismo modo que han variado en estado doméstico, y si ha
habido alguna variabilidad en la naturaleza, sería un hecho
inexplicable que la selección natural no hubiese entrado en
juego.

Analizando este razonamiento encontramos lo siguiente:

Premisas:

1. Todos los países han sufrido grandes cambios físicos

2. Esto lo proclama la Geología

Conclusiones:

1. Los seres orgánicos han variado en estado natural del mismo
    modo que han variado en estado doméstico

2. La selección natural ha entrado en juego

Podría parecer que ambas premisas tienen un contenido razonable y
veraz, pero, en realidad, ninguna de ellas contiene información alguna. La
Geología podrá describir o explicar en detalle algunos de aquellos
cambios físicos, pero no tiene ningún interés si estos son grandes o
pequeños y este es el único contenido de las premisas, a partir del cual es
imposible extraer información alguna que permita cualquiera de las
conclusiones indicadas. Nos movemos en los terrenos pantanosos del
pseudo-razonamiento que alcanza su expresión máxima en la siguiente
sección:

5.3. Razonamiento con conclusiones impertinentes

Son habituales las combinaciones en las que alguna de las premisas tiene cierto sentido pero la combinación es desastrosa, impertiente:

> *If, then, animals and plants do vary, let it be ever so slightly or slowly, why should not variations or individual differences, which are in any way beneficial, be preserved and accumulated through natural selection, or the survival of the fittest?*

> Pues si los animales y plantas varían, por poco y lentamente que sea, ¿por qué no tendrán que conservarse y acumularse por selección natural o supervivencia de los más adecuados las variaciones o diferencias individuales que sean en algún modo provechosas?

Por si fuera poco, no contento con extraer cualquier conclusión a partir de cualquier combinación de premisas, el autor tiene la peligrosa costumbre de insertar interrogaciones retóricas en medio de los razonamientos, con lo cual los corrompe, es decir, molesta más todavía la posibilidad de obtener las conclusiones justas.

En definitiva, lo que pretende el libro de Darwin es confundir al lector, hipnotizarlo y anular la posibilidad de que él piense; puesto que si el piensa inmediatamente surge la posibilidad de diseño que está prohibida por el ideario darwinista. La aparición de una especie no puede ser debida a otra cosa que a los sucesivos cambios graduales que vemos ocurrir a diario. La Creación queda abolida. No sólo la *Creación* escrita con mayúscula en el más clásico español, obra de Dios; sino también la *creación* a la francesa, con minúscula, que es cualquier cosa. Ambas quedan prohibidas. Reemplazadas por la supervivencia de los más aptos.

Para el autor y su secta, las ideas son productos, secreciones de la mente humana. En la naturaleza no hay ideas fuera de la mente humana, punto de vista harto atrevido que queda claramente establecido en las primeras páginas, al final de la introducción:

Although much remains obscure, and will long remain obscure, I can entertain no doubt, after the most deliberate study and dispassionate judgment of which I am capable, that the view which most naturalists until recently entertained, and which I formerly entertained—namely, that each species has been independently created—is erroneous. I am fully convinced that species are not immutable; but that those belonging to what are called the same genera are lineal descendants of some other and generally extinct species, in the same manner as the acknowledged varieties of any one species are the descendants of that species. Furthermore, I am convinced that natural selection has been the most important, but not the exclusive, means of modification.

Aunque mucho permanece y permanecerá largo tiempo obscuro, no puedo, después del más reflexionado estudio y desapasionado juicio de que soy capaz, abrigar duda alguna de que la opinión que la mayor parte de los naturalistas mantuvieron hasta hace poco, y que yo mantuve anteriormente -o sea que cada especie ha sido creada independientemente-, es errónea. Estoy completamente convencido de que las especies no son inmutables y de que las que pertenecen a lo que se llama el mismo género son descendientes directos de alguna otra especie, generalmente extinguida, de la misma manera que las variedades reconocidas de una especie son los descendientes de ésta. Además, estoy convencido de que la selección natural ha sido el medio más importante, pero no el único, de modificación.

Cuando no existen evidencias, la forma de argumentar de modo racionalmente aceptable, para plantear nuevas hipótesis que puedan llevar a conclusiones verdaderas (o, al menos, probables), y racionales exige, para empezar, la necesidad de aceptar como premisas aquello que hasta ahora es lo comúnmente aceptado como un hecho (Gambra y Oriol, 2015 pp. 216-221; Cohen y Copi, 2007 p.p. 555-561). Darwin no obra así, porque toma como punto de partida sus conclusiones y no el conjunto de todos los hechos conocidos en pro de la objetividad.

En una ocasión, frente a excesos de los antiguos atenienses, el cínico Antístenes se mofaba de ellos aconsejándoles votar «que los asnos sean caballos».[3] Y lo cierto es que, aunque los atenienses hubieran utilizado la autoridad de sus votaciones para que los asnos se convirtieran en caballos, no habrían podido lograrlo, porque los asnos siguen siendo asnos y los caballos, caballos. Y la voluntad ideológica de alguien por convertir a los asnos en caballos no puede cambiar la realidad de los hechos, mientras no exista la demostración de que los asnos son caballos.

Lo expresado en tono sarcástico por Antístenes muestra una lógica común no sólo a la ciencia o a toda filosofía de la ciencia que se precie, sino base general incluso en el sentido común de cualquier conversación cotidiana. Se encuentra por ejemplo en las garantías procesales, concretamente en la *presunción de inocencia* de un acusado, según la cual no puede condenarse a nadie sin considerarse probada su culpabilidad en un proceso judicial (Vega Reñón y Olmos Gómez, 2011, p. 37).

Darwin tacha de "creacionista" a todo aquel que rechace su idea de *transformación de las especies*. Sin embargo, la idea que Darwin presenta en su obra de *transformación de las especies* no es ningún hecho, ni evidente, ni comprobado, ni demostrado, sino sólo una idea, una vaga generalización que no refleja realidad alguna y que contradice lo

---

[3] Diógenes Laercio VI, 8.

comúnmente observado y admitido: que, en la naturaleza, los individuos de una especie engendran individuos de su misma especie y que las especies son estables.

Por eso existe la expresión: *affirmanti incumbit probatio* (al que afirma algo es a quien le corresponde demostrarlo), pues la carga de probar un enunciado afirmado, tanto positivo como negativo, recae en aquel que rompe aquella noción comúnmente aceptada (Vega Reñón y Olmos Gómez, 2011, p. 481-482). En el caso de Darwin, se esfuerza además por difuminar las diferencias entre *especie* y *variedad* comúnmente aceptadas, pero sin ninguna prueba de que científicamente deban difuminarse. Y quien realiza una afirmación nueva, positiva o negativa, que pretenda desmentir lo que hasta entonces es comúnmente aceptado, tiene también el *onus probandi* (carga de la prueba), es decir, la responsabilidad de demostrarla (Vega Reñón y Olmos Gómez, 2011, p. 481-482). Pero, ¿cumple Darwin con esta responsabilidad? ¿En algún momento demuestra la existencia de un antepasado común? ¿O más bien impone como un dogma su "novedoso" punto de vista de que, aunque comúnmente se vea, en todo ámbito, que en el orden hay un diseño, sin embargo en el caso del orden de la naturaleza no hay diseño?

6. Los tipos del discurso: el discurso autoritario

Mortara Garavelli diferencia tres tipos principales entre los *Genera elocutionis:*

1) *Genus subtile*
2) *Genus medium*
3) *Genus grande*

El fin del primero es enseñar (*docere*), el del segundo deleitar (*delectare*) y el del tercero conmover (*movere*). Para el primero es necesaria una precisión aquilatada; en el segundo predomina el ornato ingenioso y en el tercero el modo rico y abundante (*copiosum dicendi genus*) que prefiere las paráfrasis y las figuras de la amplificación. En nuestro análisis de OSMNS hemos encontrado un ejemplo imprevisto del tercer género. OSMNS es un clásico de la literatura épica.

Diversos autores han descrito los rasgos principales de la literatura épica y del lenguaje autoritario.

Roland Barthes se refiere a él en su obra El Grado Cero de la Escritura cuando dice:

> *Encontraremos entonces, en toda escritura, la ambigüedad de un objeto que es a la vez lenguaje y coerción: existe en el fondo de la escritura una "circunstancia" extraña al lenguaje, como la mirada de una intención que ya no es la del lenguaje. Esa mirada puede muy bien ser una pasión del lenguaje, como en la escritura literaria; puede también ser la amenaza de un castigo, como en las escrituras políticas: la escritura está entonces encargada de unir con un solo trazo la realidad de los actos y la realidad de los fines. Por ello el poder o la sombra del poder siempre acaba por instituir una*

escritura axiológica, donde el trayecto que separa habitualmente el hecho del valor, está suprimido en el espacio mismo de la palabra, dado a la vez como descripción y como juicio. La palabra se hace excusa (es decir un "otra parte" y una justificación). Esto, que es verdadero para las escrituras literarias, donde la unidad de los signos está incesantemente fascinada por las zonas de infra- o de ultra-lenguaje, lo es más aún para las escrituras políticas, donde la excusa del lenguaje es, al mismo tiempo, intimidación y glorificación: efectivamente, el poder o el combate son los que producen los tipos más puros de escritura.

La confusión llega hasta nuestros días, donde nuevas metáforas y combinaciones vanas de palabras, *flatus vocis* procedentes de todos los rincones de la academia, se mezclan con esa visión de la naturaleza que en todas partes ve lucha, competición. Los oxímora surgen en la literatura generando nuevos *best-seller* con protagonistas imposibles (*The selfish gene*; El gen egoísta) o se proponen como clave para la comprensión de los aspectos más complejos de los seres vivos (*Junk DNA*; El DNA basura o DNA chatarra). Aspectos confusos y de escasa consideración tradicional en las ciencias toman ahora papeles de una relevancia inusitada en la ciencia de la Biología, controlada por los intereses de las grades editoriales y de la Banca (así ocurre por ejemplo con los conceptos peregrinos del *azar y la necesidad* del Premio Nobel Jaques Monod). Finalmente, al cabo de los meses o de los años, alguien descubre -o desde el poder se autoriza el reconocimiento general de- la inutilidad de estos tropos que un adolescente de cultura media habría averiguado con solo verlos. La confusión ha sido denunciada desde la Academia y así Richard Lewontin comparaba al estudio de la Genética de Poblaciones con una máquina que sólo hacía ruido sin dar resultado alguno, metáfora que nos permitía acuñar la expresión *Máquina incapaz de distinguir* (Cervantes,

2011b, 2012). Ahora hemos identificado la pieza central en el engranaje de dicha máquina que se encuentra en el capítulo 4 de OSMNS cuando se establece la igualdad arriba indicada:

Selección Natural (oxímoron)=Supervivencia de los más aptos (pleonasmo)

Con esta base no sorprende que una vez que aparecen las dificultades el autor las ignore. En realidad las dificultades no son tales porque, cuando aparecen, a lo largo de los capítulos 6, 7, 8, 9, 10, 11, 12 y 13, para entonces la obra ha superado ya las verdaderas dificultades. La máquina incapaz de distinguir ya está funcionando a pleno rendimiento. Las dificultades expuestas en los capítulos 6 al 13 pertenecen al mundo real, pero para entonces la obra está ya firmemente asentada en un mundo suyo, particular, un mundo de ficción.

La selección natural y la supervivencia de los más aptos han llegado ya para quedarse, firmemente establecidas como dogmas. El texto de OSMNS, que no contiene teoría alguna, es pródigo en contradicciones, a las que se ha hecho inmune. Las premisas se mezclan con las conclusiones en una gran tautología, que funciona sin parar desde el momento que hemos aceptado las expresiones impropias arriba mencionadas.

Nuestro análisis retórico de la obra completa apunta en esta dirección: La obra, que tiene como misión la prohibición de considerar el diseño en el estudio de la naturaleza, necesita, a tal fin, generar sin cesar una gran confusión.

Paradójicamente, si la prohibición del diseño va necesariamente acompañada de semejante confusión, no nos queda otro remedio que admitir el diseño. Ante la dureza de las condiciones impuestas, el efecto final ha de ser justamente el contrario del pretendido y forzado por OSMNS. Admitiremos, sin dudarlo, que la naturaleza es producto del diseño, aunque, como decía Richard Owen refiriéndose a Creación, nosotros tampoco sabemos a qué nos referimos cuando decimos Diseño.

Bibliografía

AGASSIZ, L. 1859. Essay on Classification. Longman. London.

http://biodiversitylibrary.org/page/1394113

ALGANZA ROLDÁN, M. 2012. Hecateo de Mileto, "historiador" y "mitógrafo"; en *Florentia Iliberritana* 23, 23-44.

AYUSO, M. 2009. Valores, pluralismo y comunidad política", en *Ius Publicum* 22, 51.

BARTHES, R. 1971. Sade, Fourier, Loyola. Editions du Seuil, Paris.

BENET, J. 1989. Londres Victoriano. Planeta.

BIANCONI, G. G. 1874. La Teorie darwiniene et la creation dite independante. NIcolas Zanichelli. Bolonia.

CÁMARA Y CASTRO, T. 1880. Contestación a la Historia del conflicto entre la religión y la ciencia, de Juan Guillermo Draper. Valladolid: Imprenta, estereo-galvanoplastia, taller de grabados y librería de Gaviria y Zapatero.

HTTP://BIBLIOTECADIGITAL.JCYL.ES/ES/CONSULTA/REGISTRO.CMD?ID =13609

CERVANTES, E. 2011a. Locomotora a la luna: Finalidad social de la obra de Darwin revelada en el *Historical Sketch* de la sexta edición del Origen de las Especies. *Digital CSIC.*

CERVANTES, E. 2011b. Charles Darwin, o el origen de la máquina incapaz de distinguir. *Despalabro* (Revista de la Facultad de Filosofía y Letras de la Universidad Autónoma de Madrid), vol V, 66-86. A. Publicado también en *Digital CSIC* (http://digital.csic.es/bitstream/10261/35958/1/Charles%20Darwin,%20o%20el%20origen%20de%20la%20m%C3%A1quina%20incapaz%20de%20distinguir.pdf)

CERVANTES, E. 2012a. Evolución: La Máquina Incapaz de Distinguir. *Digital CSIC.*

CERVANTES, E. 2012b. Confusión en la Evolución ¿Qué es la Selección Natural? *Digital CSIC.*

CERVANTES, E. 2012c. La selección natural explicada con la ayuda de Franz Kafka. *Digital CSIC.*

CERVANTES, E. 2013. Manual para detectar la impostura científica: Examen del libro de Darwin por Flourens. *Digital CSIC,* mayo de 2013, 225 pp. https://digital.csic.es/handle/10261/76630. (1260 descargas el 3 de julio de 2014).

CERVANTES E, PÉREZ GALICIA G. 2015. ¿Está usted de broma Mr Darwin? La retórica en el corazón del darwinismo. OIACDI. Amazon.

CHANTRAINE, P. 1974. Dictionnaire Étymologique de la Langue Grecque. Histoire des Mots, T. III, París, 731.

COHEN, C. Y COPI, I.M. 2007. Introducción a la Lógica, Ed. Limusa, México.

DESMOND, A. 1997. Huxley: From Devil's Disciple to Evolution's High Priest. Perseus Books.

DOMÍNGUEZ BERRUETA, J. 1895. La Cientificomanía. Del Jorro. Salamanca.

DRAPER, J. W. 1874. History of the Conflict between the Religión and Science. D. Appleton and Company, New York.

https://archive.org/details/historyofconflic1875drap

DURAND, J. 1982. Retórica del número, en VV.AA. Investigaciones retóricas II (trad. esp. B. Dorriots), ed. Buenos Aires, Barcelona, 155-166.

ECO, U. 2015. La Estructura Ausente. Ed Debolsillo. Random House Mondadori.

EISELEY, L. 1979. Darwin and the Mysterious X. E.P. Dutton, New York.

FLOURENS, P. 1864. Examen du libre de M Darwin sur l'Origine des Espèces. Garnier Frères, Paris. Ver la traducción al español y comentarios de Emilio Cervantes en Digital CSIC:

http://digital.csic.es/bitstream/10261/76630/1/Manual%20para%20det ectar%20la%20impostura%20cient%C3%ADfica.pdf

GAMBRA, J.M; ORIOL. 2015. M. Lógica aristotélica, Dykinson, 2ª ed., Madrid.

GAMBRA J.M. Y PÉREZ GALICIA, G. 2016. Aristóteles. Categorías, ed. Escolar y Mayo, Madrid, 31-47

GAMBRA, R. 1998. A vueltas con los valores. *Verbo* 369-370, 835-840.

GILSON, E. 2007. La Filosofía en la Edad Media. Gredos. Madrid

GUTIÉRREZ RODILLA, B. M. 1998. La ciencia empieza en la palabra. Análisis e historia del lenguaje científico. BARCELONA, PENÍNSULA.

HODGE, CH., 1874. What is darwinism? Scribner, Armstrong and Co. New York.

LAUSBERG, H. 1966. Manual de Retórica Literaria, vol. I, trad. esp. de J. Pérez Riesco, Madrid.

MORTARA GARAVELLI, B. 2000. Manual de Retórica. Ed Cátedra. Madrid.

NEGRO, D. 2006. Êthos y valores: una visión desde la política, *Verbo* 443-444.

D'ORS, Á. 2000. La crematística, *Verbo* 385-386.

D'ORS, E. 1949. Nuevo Glosario. Vol III 1934-1943. Aguilar Madrid.

P 78.

ORTEGA Y GASSET, J. 1970. Introducción a una estimativa: ¿qué son los valores? en L.O. Gómez, R. Torret (eds.), Problemas de la filosofía: textos filosóficos clásicos y contemporáneos, Universidad de Puerto Rico, San Juan (Puerto Rico), 575-594.

ORWELL, G. 1984. 1984. Círculo de Lectores. Madrid.

PERELMAN, CH. Y OLBRECHTS-TYTECA, L. 1989. Tratado de la Argumentación. La Nueva Retórica, París.

PUJANTE, D. 1996. El hijo de la Persuasión. IER, Logroño.

PUJANTE, D. 2003. Manual de retórica. Castalia, Madrid.

RAVENTÓS, J. 2005. Comentarios al sueño de Escipión de Macrobio. Siruela.

REBOUL, A., MOESCHLER, J. Pragmatique du discours, Armand Colin, París 1998.

RUIZ MIGUEL, C. 1994. La ideología de los valores: religión del hombre, 325; en *Verbo*, 565-574.

SCHELER, M. 2000. El formalismo en la ética y la ética material de los valores, Ed. Caparrós, Madrid.

SUTTON, M. 2014. *Nullius in verba. Darwin's greatest secret.* Thinker Media.

SUTTON, M. 2015. *On Knowledge Contamination: New Data Challenges Claims of Darwin's and Wallace's Independent Conceptions of Matthew's Prior-Published Hypothesis. Philosophical Aspects of Origin* 2015, vol. 12.

TRÉMAUX, P. 1865. *Origine des espèces et de l'homme, avec les causes de fixité et de transformation; et Principe universel du mouvement et de la vie ou Loi des transmissions de force* (4e édition) / par P. Trémaux; introd. biographique par le colonel Ledeuil.

VEGA REÑÓN, L.; OLMOS GÓMEZ, P. (eds.). 2011. Compendio de Lógica, Argumentación y Retórica, Madrid.

WAINWRIGHT, M. 2008. *It's Not Darwin's or Wallace's Theory.* http://wainwrightscience.blogspot.com.es/2008/07/its-not-darwins-or-wallaces-theory.html

WILKINS, J. S; NELSON, G. J. 2008. *Trémaux on species: a theory of allopatric speciation (and punctuated equilibrium) before Wagner. Hist Philos Life Sci.* 2008;30 (2):179-205.